高等职业教育数控技术专业系列规划教材

数控车削编程与操作

高 斌 苏 贺 金璐玫 主 编
曲 良 张秀艳 段广游 副主编
李桂云 主 审

大连理工大学出版社

图书在版编目(CIP)数据

数控车削编程与操作 / 高斌，苏贺，金璐玫主编. -- 大连：大连理工大学出版社，2024.9
ISBN 978-7-5685-4272-2

Ⅰ.①数… Ⅱ.①高… ②苏… ③金… Ⅲ.①数控机床－车床－车削－程序设计－高等职业教育－教材②数控机床－车床－操作－高等职业教育－教材 Ⅳ.①TG519.1

中国国家版本馆 CIP 数据核字(2023)第 050151 号

大连理工大学出版社出版

地址：大连市软件园路 80 号　邮政编码：116023
发行：0411-84708842　邮购：0411-84708943　传真：0411-84701466
E-mail：dutp@dutp.cn　URL：https://www.dutp.cn

大连日升印刷有限公司印刷　　　　大连理工大学出版社发行

幅面尺寸：185mm×260mm	印张：10.5	字数：251 千字
2024 年 9 月第 1 版		2024 年 9 月第 1 次印刷

责任编辑：陈星源　　　　　　　　　　　责任校对：吴媛媛
封面设计：方　茜

ISBN 978-7-5685-4272-2　　　　　　　　　　　定　价：37.80 元

本书如有印装质量问题，请与我社发行部联系更换。

前　言

随着我国制造业的转型升级，数控机床已经成为现代工业生产的主力，培养大批适应制造业发展需求的高端数控技术技能型人才迫在眉睫。为此，编者团队在认真研究人力资源和社会保障部制定的国家职业标准中对数控车削操作工的中级工、高级工的职业技能要求，借鉴同类院校的教学教改经验和实践经验，广泛汲取专业教师的意见和建议的基础上，编写了本教材。

本教材是基于典型工作任务的教、学、做一体化教材。校企双方从岗位需求、岗位工作流程反推教学内容，以工作过程为导向、以典型零件为载体项目化组织教材内容。教材共设置 10 个项目，由简单到复杂，由单一到综合，层层递进。每个项目以企业生产典型零件为载体，明确学习目标及相关知识点和技能点，制定详细实施过程，最后提供大量的图纸，让读者巩固、拓展相关的知识和技能。知识点和技能点包括完成该项目所需的加工工艺、机床、编程以及操作等方面的内容。实操部分由北京发那科机电有限公司提供新技术工艺和设备的支持，保证了教材在内容上的前瞻性。每个项目任务都是一个完整的工作过程，学生可以一边学习理论知识，一边在机床上实际操作。

本教材全面贯彻党的二十大精神，落实立德树人根本任务，将素质教育贯穿于各个项目，注重引导学生深刻理解并实践数控行业的职业精神和职业规范，增强学生勇于探索的创新精神，激发学生科技报国的家国情怀和使命担当。

本教材配有丰富的教学资源，包括微课、电子教案、多媒体课件等。本教材是省级精品课程"数控编程与操作（车削）"的配套教材，该课程可在智慧职教 MOOC 中浏览。

本教材既可作为高等职业院校数控技术、机电一体化技术等专业的教学用书，也可作为工程技术人员、操作技术工人的参考用书。

本教材由辽宁轻工职业学院高斌、苏贺及宁波职业技术学院金璐玫任主编，辽宁轻工职业学院曲良、张秀艳、通用技术集团大连机床有限责任公司段广游任副主编。具体编写分工如下：高斌编写项目9～10；苏贺编写项目1～2；曲良编写项目3～5；张秀艳编写项目6～8；段广游编写附录，并负责教材的技术指导和标准化审核。全书由高斌和金璐玫负责统稿和定稿。天津工业职业学院李桂云审阅了全书并提出了许多宝贵意见和建议，在此表示衷心的感谢！

在编写本教材的过程中，我们参考引用和改编了国内外出版物中的相关资料和网络资源，在此对这些资料的作者表示深深的谢意。请相关著作权人看到本教材后与出版社联系，出版社将按照相关法律的规定支付稿酬。

鉴于编者水平有限，书中仍可能存在错误与不妥之处，敬请读者批评指正。

编　者

所有意见和建议请发往：dutpgz@163.com

欢迎访问职教数字化服务平台：http://www.dutp.cn/sve/

联系电话：0411-84707424　84708979

项目 1	数控车床基本操作	1
项目 2	简单阶梯轴零件加工	34
项目 3	复杂轮廓轴加工	59
项目 4	车槽(切断)加工	69
项目 5	螺纹零件加工	83
项目 6	内套、内腔加工	99
项目 7	宏程序编程	109
项目 8	数控车削强化训练(中级)	118
项目 9	数控车削强化训练(高级)	127
项目 10	数控车削强化训练(配合件)	138

参考文献 …………………………………………………………………… 147

附　录 ……………………………………………………………………… 148

　　附录一　数控车工国家职业标准 ……………………………………… 148

　　附录二　FANUC 系统 G 指令 ………………………………………… 158

　　附录三　FANUC 系统 M 指令 ………………………………………… 160

项目 1
数控车床基本操作

◆ 学习目标

知识目标

了解数控车床的种类、结构和特点。
了解常用的数控车床夹具和装夹方案。
掌握常用的数控车刀和安装刀具方法。
掌握常用量具及其使用方法。
掌握数控机床坐标系和工件坐标系概念。
理解刀位点、对刀点、对刀参考点和换刀点的区别。
熟悉数控车床操作面板。

能力目标

能合理选择加工用的机床、夹具和刀具。
能在机床上正确安装夹具和刀具。
能合理选用量具并正确使用。
能在数控车床上进行常规操作。
能在数控车床行进行手动加工零件。

素质目标

培养对机床加工行业的兴趣和热情。
培养质量意识、安全和环保意识。
培养学生的创新意识与创造能力。
具有较好自主学习新知识和技能的能力。

加工任务

如图 1-1 所示为车床主轴箱,运动由输入端传送到输出端,轴作为传动件的支承件,有广泛的应用。轴类零件的加工是生产中最常见的,在这里通过加工任务来介绍阶梯轴类零件数控车削加工的特点以及数控车床编程的基本规范。

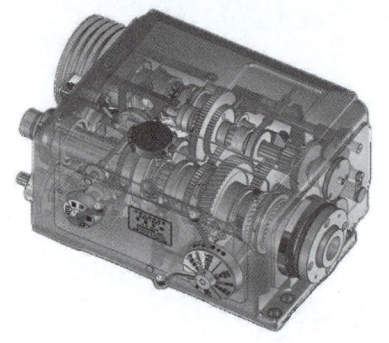

图 1-1 车床主轴箱

图 1-2 所示为单台阶轴,要求学生在数控车床上手动加工完成。通过该零件的加工,学生能够熟练掌握数控车床的开机与关机、回零、手动换刀、机床主轴旋转、刀具进给以及速度的调整等基本操作,并能够手动切削工件,同时能根据坐标值来控制工件尺寸,分析、比较数控车床与普通车床的加工特点。

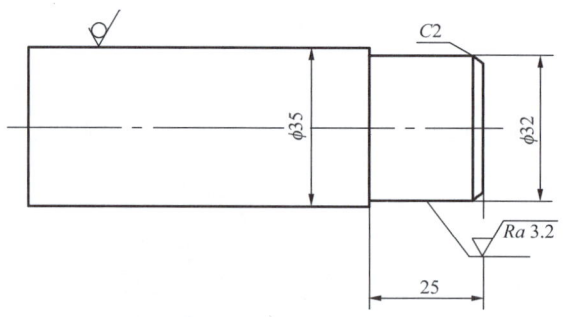

图 1-2 单台阶轴

知识准备

一、数控机床的产生及发展

(一)数控机床的产生

随着科学技术和生产力的发展,机械产品日趋精密、复杂,长期以来,这类产品在通用机床上加工,劳动强度大,而且难以提高生产率和保证产品质量。对于一些由复杂曲线、曲面所构成的零件,通用机床无法完成加工。数控机床就是为了解决单件、小批量、精度高、复杂型面零件加工的自动化要求而产生的。它不仅在宇航、造船、军工等领域被广泛使用，而且进入了汽车、机械制造、模具加工等行业。目前，在这些行业中，产品种类不断增加，形状结构日趋复杂，精度和质量也在逐渐提高。

数控机床的研制最早始于20世纪40年代末，美国麻省理工学院和帕森斯公司于1952年3月成功研制了世界上第一台有信息存储和处理功能的三坐标立式数控铣床。数控技术及数控机床的诞生，标志着生产和控制领域一个崭新时代的到来。

(二)数控机床的发展状况

从第一台数控机床问世至今，随着微电子技术的不断发展，特别是计算机技术的发展，数控系统也在不断更新换代。1952年出现了电子管，1959年出现了晶体管，1965年出现了小规模集成电路，1970年出现了大规模集成电路及小型计算机，1974年出现了微处理机或微型计算机等五代系统。其中前三代称作硬件NC系统，后二代称作计算机软件数控，也称CNC系统(Computerized NC)。NC系统的控制逻辑只能完成固定的控制功能，是由固定接线的硬件电路组成的专用计算机来实现的，制成后就不易改变，柔性差。CNC系统由硬件和软件组成，通过改变软件很容易更改或扩展其功能。目前，NC系统已经被CNC系统所代替。

在系统不断更新换代的同时，数控机床的品种得到了不断的发展，几乎所有品种的机床都实现了数控化。1956年，日本富士通公司研制成功数控转塔式冲床，美国帕克工具公司研制成功数控转塔钻床。1958年，美国K&7F公司研制出带自动刀具交换装置的加工中心。

MC(Machining Center)。CNC技术、信息技术、网络技术及系统工程学的发展，为单机数控化向计算机控制的多机制造系统自动化发展创造了必要的条件。在20世纪60年代，出现了由一台计算机直接管理和控制一群数控机床的计算机群控系统，即直接数控系统DNC(Direct NC)；1967年，出现了由多台数控机床连接成可调加工系统，这就是最初的柔性制造系统(Flexible Manufacturing System,FMS)。1978年以后，加工中心迅速发展，各种加工中心相继问世。20世纪80年代初，又出现以1~3台加工中心或车削中心为主体，再配上工件自动装卸的可交换工作台及监控检验装置的柔性制造单元(Flexible Manufacturing Cell,FMC)。

我国从1958年开始研究数控技术，于1966年研制成功晶体管数控系统，并生产出了数控线切割机、数控铣床等产品，由于数控系统的稳定性及可靠性较差，数控机床品种不全，数控技术的发展处于初步阶段。20世纪80年代初期，我国先后从德国、美国等国家引进了一些数控系统和伺服技术，在一定程度上促进了这项技术的发展。这个时期我国经济也有了较大发展，为这项技术的进步奠定了物质基础。此时我国研制的数控机床性能逐步提高，品种和数量不断增加。20世纪90年代以后，国民经济进入高速发展阶段，研究开发数控系统、应用数控机床已经成了各企业的自发行为，数控技术及产品的发展速度逐年加快，我国数控技术进入了蓬勃发展时期。

(三)数控机床的发展趋势

半个多世纪以来，数控机床在品种、数量、机床性能等方面有了很大的发展，大规模集成电路和微型计算机的发展以及完善，使数控系统的价格逐年下降，而加工精度和可靠性却大大提高。随着先进生产技术的发展,数控机床的发展进入了一个崭新的时代。数控机床正朝着高精度化、高速度化、高复合化、高智能化、开放式结构方向发展。

1. 高精度化

效率、质量是先进制造技术的主体。高速、高精加工技术可极大地提高效率、产品的质量和档次,缩短生产周期和提高市场竞争能力。为此日本先端技术研究会将其列为五大现代制造技术之一,国际生产工程学会(CIRP)将其确定为21世纪的中心研究方向之一。

数控机床的精度包括机床的几何精度、加工精度、进给分辨率、定位精度和重复定位精度、动态刚度、闭环交流数字伺服系统性能等。20世纪90年代初中期,全程定位精度达到$\pm 0.002 \sim \pm 0.005$ mm 的加工中心已越来越多。定位精度、机床的结构特性以及热稳定性的提高,使得数控机床的加工精度得到了大幅度的提高,纳米技术的应用,使得数控机床的精度又发生了一次革命。近10年来,普通级数控机床的加工精度已由 10 μm 提高到 5 μm,精密级加工中心则从 3～5 μm 提高到 1～1.5 μm,并且超精密加工精度已开始进入纳米级(0.01 μm)。

2. 高速度化

高速度指数控机床的高速切削和高速插补进给。在保证精度的前提下,提高加工速度、节省加工时间,除了对数控系统的处理速度提出了更高的要求外,还要求数控机床具有大功率和大转矩的高速主轴、高速进给电动机、高性能的刀具、稳定的动态刚度。

提高生产率是机床技术发展的基本目标,数控机床出现和快速发展的原因之一就是其生产率比普通机床高。近20年来,数控机床的生产率又有了很大提高,主要方法是减少切削时间和非切削时间。减少切削时间是通过提高切削速度及主轴转速来实现的。高速加工中心进给速度可达 80 m/min,甚至更高,空运行速度可达 100 m/min 左右。目前世界上许多汽车厂,包括我国的上汽通用汽车有限公司,已经采用以高速加工中心组成的生产线部分替代组合机床。美国 Cincinnati 公司的 HyperMach 机床进给速度最大达 60 m/min,快速为 100 m/min,加速度达 2g,主轴转速已达 60 000 r/min。加工一薄壁飞机零件,只用 30 min,而同样的零件在一般数控铣床加工需 3 h,在普通铣床加工需 8 h。

3. 高复合化

高复合化加工指一台机床上集中了多台机床的功能,工件一次装夹可完成多工种、多工序的加工。减少了装卸刀具、装卸工件、调整机床的辅助时间,最大限度提高了机床的利用率。这种机床既保证了更高的加工精度,又提高了生产率,节省了占地面积,节约了投资,避免了重复建设,其典型代表就是加工中心,即带有刀库和自动换刀装置的数控镗铣床。在加工中心上,工件装夹后,机械手可自动更换刀具,连续地对工件的各加工表面进行多工序加工。目前加工中心的刀库最可多达 120 把左右,自动换刀装置的换刀时间为 1～2 s。加工中心除了铣类加工中心和车削类中心外,还出现集成型车或铣加工中心、自动更换电极的电火花加工中心、带有自动更换砂轮装置的内圆磨削加工中心等。

复合加工技术不仅是加工中心、车削中心等在同类技术领域内的复合,而且正向不同类技术领域内的复合发展。多轴联动是衡量数控系统的重要指标。高档次的数控系统,还增加了自动上、下料的轴控制功能,有的在 PLC 里增加位置控制功能,以补充轴控制数的不足,这将会进一步扩大数控机床的加工范围。

4. 高智能化

数控装置发展到以微处理器为主体组成的 CNC 系统以后,系统功能不断扩大,数控机床的自动化程度也在不断提高。先后出现了自动换刀和自动交换工件功能,故障自诊断功能,人机对话自动编程功能,刀具尺寸自动测量和补偿、工件尺寸自动测量和补偿、切削参数的自动调整等功能,自适应控制功能等,单机自动化达到了很高的程度。

5. 开放式结构

为解决传统的数控系统封闭性和数控应用软件的产业化生产存在的问题,目前许多国家对开放式数控系统进行研究,如美国的 NGC(The Next Generation Work-Station/Machine Control)、欧共体的 OSACA(Open System Architecture for Control within Automation)、日本的 OSEC(Open System Environment for Controller)、中国的 ONC (Open Numerical Control)等。所谓开放式数控系统,就是数控系统的开发可以在统一的运行平台上,面向机床厂家和最终用户,通过改变、增加或剪裁结构对象(数控功能),形成系列化,并可方便地将用户的特殊应用和技术诀窍集成到控制系统中,快速实现不同品种、不同档次的开放式数控系统,形成具有鲜明个性的名牌产品。基于 PC 的开放式 CNC 大致可分为四类:PC 连接型 CNC、PC 内装型 CNC、CNC 内装型 PC 和纯软件 NC。

典型产品有 FANUC 150/160/180/210、A2100、OA. 500、Advantage CNC System、华中Ⅰ型等。这些系统以通用 PC 的体系结构为基础,构成了总线式(多总线)模块,开放型、嵌入式的体系结构,其硬、软件和总线规范均是对外开放的,硬件即插即用,可向系统添加在 MS-DOS、Window 环境下使用的标准软件或用户软件,为数控设备制造厂和用户进行集成给予了有力的支持,便于主机厂进行二次开发,以发挥其技术特色。经过加固的工业级 PC 已在工业控制领域得到了广泛应用,并逐渐成为主流,其技术上的成熟程度使其可靠性大大超过了以往的专用 CNC 硬件。

数控系统开放化已经成为数控系统的未来之路。目前开放式数控系统的体系结构规范、通信规范、配置规范、运行平台、数控系统功能库以及数控系统功能软件开发工具等是当前研究的核心。

二、数控车床的基本知识

(一)数控车床的基本概念

1. 数字控制(Numerical Control,NC)

数字控制是用数字化信号对机构的运动过程进行控制的一种方法。

2. 数控系统(NC System)

数控系统是实现数字控制相关功能的软、硬件模块的集成。它能自动阅读输入载体上的程序,并将其译码,根据程序指令向伺服装置和其他功能部件发送信息,控制机床的各种运动。

3. 计算机数控系统(CNC System)

计算机数控系统是以计算机为核心的控制系统,由装有数控系统程序的专用计算机、输入/输出设备、可编程序控制器(PLC)、存储器、主轴驱动及进给驱动装置等组成,又称为 CNC 系统。

4. 数控机床(NC Machine)

数控机床是指应用数字技术对其运动和辅助动作进行自动控制的机床。操作时将编制好的加工程序输入机床专用的计算机中,再由计算机指挥机床各坐标轴的伺服电动机去控制车床各部件运动的先后顺序、速度和移动量,并与选定的主轴转速相配合,车削出形状不同的工件。

(二)数控车床的型号、种类及组成

1. 数控车床的型号

数控车床采用与卧式车床类似的型号表示方法,由字母及一组数字组成。

例如:数控车床 CKA6140 各代号含义如下:

C——车床;

K——数控;

A——改型;

6——落地及卧式车床组;

1——卧式车床系;

40——床身上工件最大回转直径的 1/10(400 mm)。

2. 数控车床的种类

数控车床可按不同方式分类。现按数控系统、数控车床的功能、车床主轴配置形式和控制方式分别进行介绍。

数控车床分类结构和加工对象

(1)按数控系统分类

目前常用的数控系统有 FANUC(发那科)数控系统、SIEMENS(西门子)数控系统、华中数控系统、广州数控系统和三菱数控系统等。每种数控系统又有多种型号,如 FANUC(发那科)数控系统从 0i 到 23i,SIEMENS(西门子)数控系统包括 SINUMERIK 802S、802C、802D、810D、840D 等。各种数控系统指令各不相同,即使同一数据系统不同型号,其数控指令也略有差异,使用时应以数控系统说明书指令为准。

(2)按数控车床的功能分类

数控车床按数控车床的功能可分为经济型数控车床、普通数控车床和车削加工中心三大类。

① 经济型数控车床

经济型数控车床是在卧式车床基础上进行改进设计的,一般采用步进电动机驱动的开环伺服系统,其控制部分一般由单板机或单片机控制,属于低档次数控车床。机械部分由卧式车床略做改进而成。主电动机一般不做改动,进给多采用步进电动机,开环控制,四刀位回转刀架。经济型数控车床没有刀尖圆弧半径自动补偿功能,所以编程时计算比较烦琐,加工精度较低。

② 普通数控车床

普通数控车床是根据车削加工要求,在结构上进行专门设计并配备通用控制系统,从而形成的数控车床。其数控系统功能强,自动化程度高,加工精度也较高,可同时控制两个坐标轴,即 X 轴和 Z 轴,应用较为广泛,适用于一般回转类零件的车削加工。

③车削加工中心

在数控车床上增加刀塔(架)和 C 轴控制后,除了能车削、镗削外,还能对端面和圆周面上任意部位进行钻、铣、攻螺纹等加工,而且在具有插补的情况下,还能铣削曲面,这样就构成了车削加工中心,如图1-3所示。它是在转盘式刀架的刀座上安装驱动电动机,可进行回转驱动,主轴可以进行回转位置的控制(C 轴控制)。车削加工中心可进行四轴(X、Z、C、Y)控制,而一般的数控车床只能进行两轴(X、Z)控制。

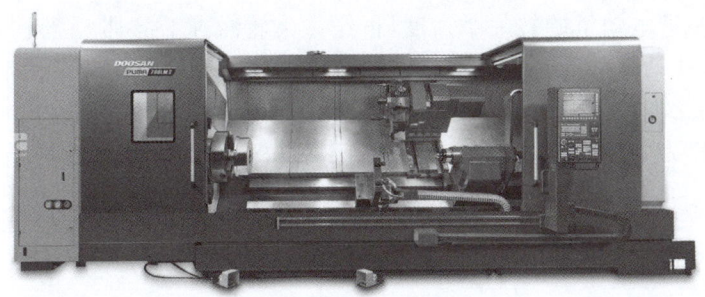

图1-3 车削加工中心

(3) 按车床主轴配置形式分类

数控车床按车床主轴配置形式可分为立式数控车床和卧式数控车床两种,如图1-4所示。

 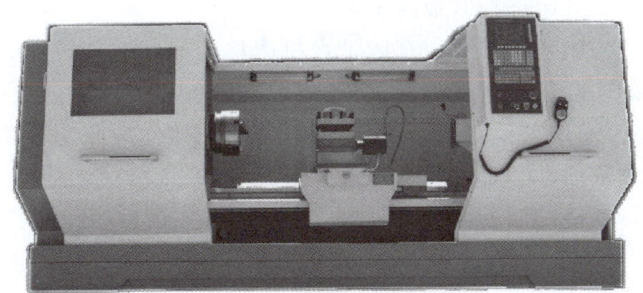

(a) 立式数控车床　　　　　　　　　　(b) 卧式数控车床

图1-4 数控车床

①立式数控车床

立式数控车床的主轴处于垂直位置,有直径很大的圆形工作台,用于装夹工件,主要用于加工径向和轴向尺寸相对较小的大型号复杂零件。

②卧式数控车床

卧式数控车床的主轴轴线处于水平位置,生产中使用较多,常用于加工径向尺寸较小的轴类、盘类、套类复杂零件。它的导轨有水平导轨和倾斜导轨两种。水平导轨结构用于普通数控车床及经济型数控车床;倾斜导轨结构可以使车床具有较大的刚性,且易于排除切屑,用于档次较高的数控车床及车削加工中心。

(4)按控制方式分类

数控车床按控制方式可分为开环控制数控车床、闭环控制数控车床及半闭环控制数控车床。

①开环控制数控车床

开环控制系统如图1-5所示,该控制系统没有位置检测元件,伺服驱动部件通常为反应式步进电动机或混合式伺服步进电动机。数控系统每发出一个进给指令,驱动电路功率放大后,驱动步进电动机旋转一个角度,再经过齿轮减速装置带动丝杠旋转,通过丝杠螺母机构转换为移动部件的直线位移。移动部件的移动速度与位移量由输入脉冲的频率与脉冲数决定。此类数控车床的信息流是单向的,即进给脉冲发出去后,实际移动值不再反馈回来,所以称为开环控制数控车床。

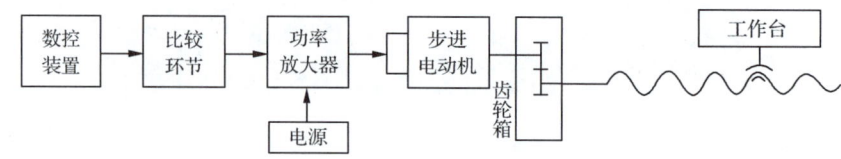

图1-5 开环控制系统

开环控制数控车床结构简单,成本较低;但是系统对实际位移量不进行监测,也不能进行误差矫正。因此,步进电动机的失步、步距角误差、齿轮与丝杠等传动误差会影响被加工零件的精度,开环控制系统仅适用于加工精度要求不高的中小型数控车床,特别是简易经济型数控车床。

②闭环控制数控车床

闭环控制数控车床是在机床移动部件上直接安装直线位移检测装置,直接对工作台的实际位移进行检测,将测量的实际位移值反馈到数控装置中,与输入的指令位移值进行比较,用差值对机床进行控制,使移动部件按照实际需要的位移量运动,最终实现部件的精确运动和定位。从理论上讲,闭环系统的运动精度主要取决于检测装置的检测精度,与传动链的误差无关,因此控制精度高。图1-6所示为闭环控制系统。

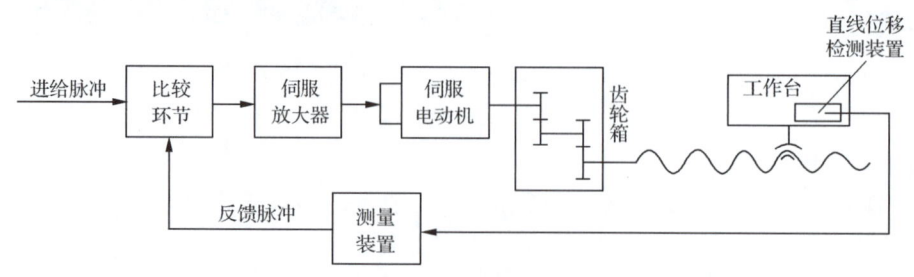

图1-6 闭环控制系统

闭环控制数控车床的定位精度高,但调试和维修都较困难,系统复杂,成本高。

③半闭环控制数控车床

半闭环控制系统如图1-7所示。半闭环控制数控车床在伺服电动机的轴或数控车床的传动丝杠上装有角位移电流检测装置(如光电编码器等),通过检测丝杠的转角间接地检测移动部件的实际位移,然后反馈到数控装置中去,并对误差进行修正。通过测速元件和光电编码器可间接检测伺服电动机的转速,从而推算出工作台的实际位移量,将此值与指令值进行比较,用差值来实现控制。由于工作台没有包括在控制回路中,因而称为半闭环控制数控机床。

半闭环控制数控系统调试比较方便,并且具有很好的稳定性。目前大多数角度检测装置和伺服电动机设计成一体,使机床结构更为紧凑。

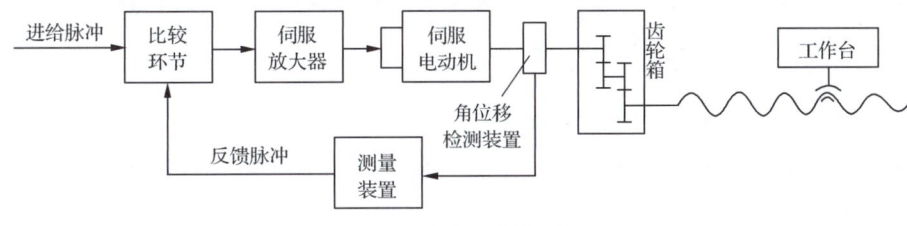

图1-7 半闭环控制系统

3. 数控车床的组成

(1)机床本体

机床本体由机床的基础大件(如床身、底座)和各运动部件(如工作台、床鞍、主轴等)组成。

(2)数控装置

数控装置是数控车床的中心环节,能够接收并处理输入的信息,将数字代码加以编译、存储、运算,输出相应的脉冲信号,并把信号传给伺服装置。数控装置通常由输入装置、内部存储器、运算器和输出装置四大部分组成。

(3)伺服装置

伺服装置(伺服单元+驱动装置)是数控装置与机床本体的电传动联系环节,它是数控系统的执行部分。伺服装置接收数控系统的脉冲信号,并加以放大,按照指令信息的要求驱动执行机构完成相应的动作,以加工出符合要求的工件。

> **注意**
> 每一个脉冲使机床移动部件产生的位移量称为脉冲当量。目前所使用的数控系统脉冲当量通常为0.001 mm。

(4)检测和反馈装置

检测和反馈装置用于检测机床运行的位移与速度,并将反馈信息发送到数控装置,供数控装置与指令值进行比较,控制机床向消除误差的方向运动。CRT显示屏可以在线显示机床移动部件(刀具)的坐标值。一般安装在机床工作台或丝杠上,相当于普通机床刻度盘。

（三）数控加工原理

将被加工零件的几何信息和工艺信息（控制和操作刀具与工件的相对运动轨迹、主轴的转速和进给速度的变换、冷却液的开关、工件和刀具的交换等）数字化，按规定的代码和格式编制成加工程序，由输入部分输入数控系统，系统按照加工程序的要求，先进行插补运算和编译处理，然后发出控制指令使各坐标轴、主轴及辅助系统协调动作，并进行反馈控制，自动完成零件的加工。

数据转换与控制过程包括以下几部分：

1. 译码

将用文本格式编写的零件加工程序，以程序段为单位转换成机器运算所需要的数据结构，表达一个程序解释后的数据信息。

2. 刀补运算

零件的加工程序一般是按零件轮廓和工艺要求的进给路线编制的，数控机床加工过程中控制的是刀具中心运动轨迹，因此加工前必须将编程轨迹转换成刀具的中心轨迹。刀补运算就是完成这种转换的处理程序。

3. 插补运算

插补运算是指根据进给速度的要求，在轮廓起点和终点之间计算出中间点的坐标值，把这种实时计算出的各个进给轴的位移指令输入伺服系统，实现成形运动。

4. PLC 控制

CNC 系统对机床的控制分为轨迹控制和逻辑控制。前者是对各坐标轴位置和速度的控制，后者是对主轴起停、换向、刀具更换、工件的夹紧及冷却和润滑系统的运行等进行的控制。逻辑控制以各种行程开关、传感器、继电器、按钮等开关信号为条件，由 PLC 来实现。

（四）数控加工的特点及范围

数控车床与卧式车床一样，主要用于轴类、盘套类等回转体零件的加工，如完成各种内外圆的圆柱面、圆锥面、圆柱螺纹、圆锥螺纹及切槽、钻扩、铰孔等工序的加工；还可以完成卧式车床上不能完成的圆弧、各种曲线构成的回转面、非标准螺纹、变螺距螺纹等的表面加工。数控车床特别适合于加工要求精度高、表面粗糙度低、表面形状复杂的轴套类零件和盘类零件等。

二、数控车削刀具的选择和安装

数控车床加工时，能根据程序指令实现全自动换刀。为了缩短数控车床的准备时间，适应柔性加工要求，数控车床对刀具提出了更高要求，不仅要求刀具精度高、刚性好、耐用度高，而且要求安装、调整、刃磨方便，断屑及排屑性能好。

在全功能数控车床上，可预先安装 8～12 把刀具，当被加工零件改变后，一般不需要更换刀具就能完成零件的全部车削加工，为满足要求，刀具配备时应注意以下几个问题：

（1）在可能的范围内，使被加工零件的形状、尺寸标准化，从而减少刀具的种类，实现不换刀或少换刀，以缩短准备和调整时间。

(2)使刀具规格化和通用化,以减少刀具的种类,便于刀具管理。

(3)尽可能采用可转位刀片,磨损后只需更换刀片,增加了刀具的互换性。

(4)在设计或选择刀具时,应尽量采用高效率、断屑及排屑性能好的刀具。

(一)数控刀具的种类

按数控刀具的材料分,可分为高速钢刀具、硬质合金刀具、陶瓷刀具、立方氮化硼刀具、金刚石刀具。

数控车床主要用于回转表面的加工,如内外圆柱面、圆锥面、圆弧面、螺纹等切削加工,如图 1-8 所示为常用车刀的形状和用途。

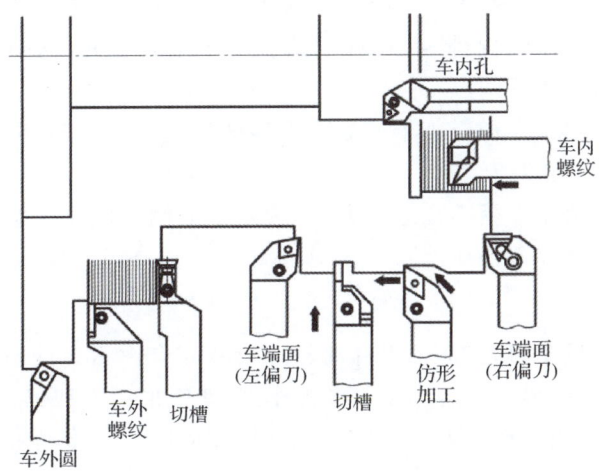

图 1-8 常用的车刀的形状和用途

1. 按形状分类

常用的车刀按形状一般分为三类,即尖形车刀、圆弧形车刀和成形车刀。

(1)尖形车刀

尖形车刀是以直线形切削刃为特征的车刀。这类车刀的刀尖(同时也为刀位点)由直线形的主、副切削刃构成,如 90°内外圆车刀、左右端面车刀、切断(切槽)车刀和内孔车刀。

用这类车刀加工零件时,其零件的轮廓形状主要由一个独立的刀尖或一条直线形主切削刃移位后得到,其被加工轮廓形成的原理与另两类车刀加工时形成轮廓形状的原理是截然不同的。

尖形车刀几何参数的选择方法与普通车削时基本相同,但应按数控加工的特点(如参考加工路线、加工干涉等)进行全面的考虑,并应兼顾刀尖本身的强度。

(2)圆弧形车刀

圆弧形车刀是以圆度误差或线轮廓误差很小的圆弧形切削刃为特征的车刀,如图 1-9 所示。该车刀圆弧刃上每一点都是圆弧形车刀的刀尖,因此,刀位点不在圆弧上,而在该圆弧的圆心上。

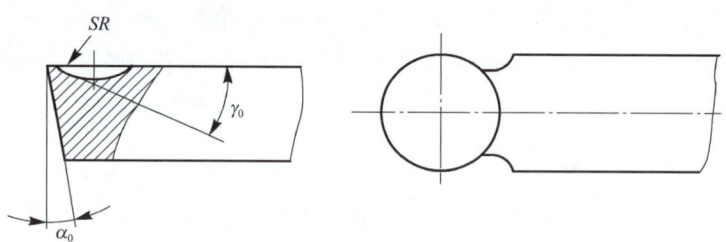

图 1-9 圆弧形车刀

当某些尖形车刀或成形车刀(如螺纹车刀)的刀尖具有一定的圆弧形状时,也可作为这类车刀使用。

圆弧形车刀可用于车削内外表面,特别适合于车削各种光滑连接(凹形)的成形面。选择车刀圆弧半径时应考虑两点:

①车刀切削刃的圆弧半径应小于或等于零件凹形轮廓上的最小曲率半径,以免加工时产生干涉。

②车刀切削刃的圆弧半径不宜选择太小,否则不但制造困难还会因刀尖强度太弱或刀体散热能力差而导致车刀损坏。

(3) 成形车刀

成形车刀俗称样板车刀,其加工零件的轮廓形状完全由刀刃的形状和尺寸决定。数控车削加工中,常见的成形车刀有小半径圆弧车刀、非矩形车刀和螺纹车刀等。在数控加工中,应尽量少用或不用成形车刀,当确有必要时,则应在工艺准备文件或加工程序单上进行详细说明。

2. 按结构分类

车刀按结构可分为整体式车刀、焊接式车刀和机械夹固式车刀三大类。

(1) 整体式车刀

整体式车刀又称为整体式高速钢车刀。通常用于小型车刀、螺纹车刀和形状复杂的成形车刀。它具有抗弯强度高、冲击韧性好、制造简单和刃磨方便、刃口锋利等优点。

(2) 焊接式车刀

焊接式车刀是将硬质合金刀片用焊接的方法固定在刀体上,经刃磨而成。这种车刀结构简单,制造方便,刚性较好,但抗弯强度低,冲击韧性差,切削刃不如高速钢车刀锋利,不易制作复杂刀具。

(3) 机械夹固式车刀

机械夹固式车刀是数控车床上用得比较多的一种车刀,它分为机械夹固式可重磨车刀和机械夹固式不可重磨车刀。

机械夹固式可重磨车刀将普通硬质合金刀片用机械夹固的方法安装在刀杆上。刀片用钝后可以修磨,修磨后,通过调节螺钉把刃口调整到适当位置,压紧后便可继续使用,如图 1-10 所示。

机械夹固式不可重磨(可转位)车刀的刀片为多边形,有多条切削刃,当某条切削刃磨损钝化后,只需松开夹固元件,将刀片转一个位置便可继续使用,如图 1-11 所示。其优点是车刀几何角度完全由刀片保证,切削性能稳定,刀杆和刀片已标准化,加工质量好。

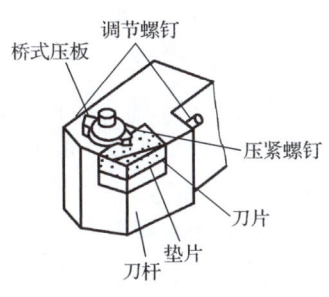

图 1-10 机械夹固式可重磨车刀

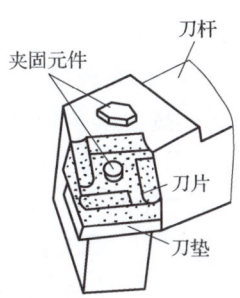

图 1-11 机械夹固式可转位车刀

(二)机夹式可转位刀片的选择

为了缩短换刀时间和方便对刀,便于实现机械加工的标准化,数控车削加工时,应尽量采用机夹刀和机夹刀片。机夹刀片常采用可转位刀片,把经过研磨的可转位多边形刀片用夹紧组件夹在刀杆上,车刀在使用过程中,一旦切削刃磨钝后,通过刀片的转位,即可用新的切削刃继续切削,只有当多边形刀片所有的刀刃都磨钝后,才需要更换刀片。

1. 刀片材料的选择

常见刀片的材料有高速钢、硬质合金、涂层硬质合金、陶瓷、立方氮化硼和金刚石等,其中应用最多的是硬质合金和涂层硬质合金刀片。选择刀片材质的主要依据是被加工零件的材料、被加工表面的精度、表面质量要求、切削载荷的大小以及切削过程中有无冲击和振动等。

(1)刀片的紧固方式

在国家标准中,刀片的一般紧固方式有上压式(代码为 C)、上压与销孔夹紧(代码为 M、销孔夹紧(代码为 P)和螺钉夹紧(代码为 S)四种。但这仍没有包括可转位车刀所有的紧固方式,而且各刀具商所提供的产品并不一定包括所有的紧固方式,因此选用时要查阅相关产品样本。

(2)刀片形状的选择

刀片外形与加工的对象,刀具的主偏角、刀尖角和有效刃数等有关。一般外圆车削常用 80°凸三边形(W 型)、菱形(C 型)和四方形(S 型)刀片;仿形加工常用 55°菱形(D 型)、35°菱形(V 型)和圆形(R 型)刀片,60°主偏角常用三角形(T 型)刀片,见表 1-1。

表 1-1　　　　　　　　　　常用刀片形状

刀片类型	W	C	S	D	V	R	T
刀片简图	80°	80°		55°	35°		60°

不同的刀片形状有不同的刀尖强度,一般刀尖角越大,刀尖强度越大,反之亦然。圆形(R 型)刀片的刀尖角最大,35°菱形(V 型)刀片的刀尖角最小。选用时,应根据加工条件,按重、中、轻切削有针对性地选择。在机床刚性和功率小、余量小、精加工时,宜选用较小刀尖角的刀片。

(3)刀杆头部形式的选择

刀杆头部形式按主偏角和直头或弯头来分,可分为 15~18 种,各种形式规定了相应的代码,国家标准和刀具样本中都——列出,可以根据实际情况选择。车削直角台阶的零件,可选择主偏角大于或等于 90°的刀杆;一般粗车可选择主偏角为 45°~90°的刀杆;精车可选择主偏角为 45°~70°的刀杆;中间切入、仿形车可选择主偏角为 45°~107.5°的刀杆。工艺系统刚性好时可选择主偏角较小值,工艺系统刚性差时可选择主偏角较大值。刀杆为弯头结构时,既可加工外圆,又可加工端面。

(4)刀片后角的选择

常用的刀片后角有 N 型(0°)、C 型(7°)、P 型(11°)和 E 型(20°)等。一般粗加工、半精加工可用 N 型;半精加工、精加工可用 C 型、P 型,也可用带断屑槽的 N 型。加工铸铁、硬钢可用 N 型;加工不锈钢可用 C 型、P 型;加工铝合金可用 P 和 E 型。加工弹性恢复性好的材料可选用后角较大的刀片;一般孔加工刀片可选用 C 型、P 型,大尺寸孔可选用 N 型。

2. 刀柄和刀尖圆弧半径的选择

左右手刀柄有 R(右手)、L(左手)、N(左右手)三种。选择时要考虑车床刀架是前置式还是后置式,前刀面是向上还是向下,主轴的旋转方向及需要的进给方向等。

刀尖圆弧半径不仅影响切削效率,还关系被加工零件的表面粗糙度及加工精度。从刀尖圆弧半径与最大进给量的关系来看,最大进给量不应超过刀尖圆弧半径的 80%,否则将恶化切削条件,甚至出现螺纹状表面和打刀等问题。刀尖圆弧半径还与断屑的可靠性有关,为保证断屑,切削余量和进给量有一个最小值。

当刀尖圆弧半径减小时,所得到的这两个最小值也相应减小。因此,从断屑可靠性出发,通常对于小余量、小进给车削加工,应采用较小的刀尖圆弧半径;反之,宜采用较大的刀尖圆弧半径。

粗加工时为了增大刀刃强度,应尽可能选取大刀尖圆弧半径的刀片,大刀尖圆弧半径的刀片可允许大进给;在有振动倾向时,选择较小的刀尖圆弧半径,一般为 1.2~1.6 mm。粗车时进给量不能超过其最大值,一般进给量可取刀尖圆弧半径的一半,见表 1-2。

表 1-2 不同刀尖圆弧半径时的最大进给量

刀尖圆弧半径/mm	0.4	0.8	1.2	1.6	2.4
最大推荐进给量/(mm·r^{-1})	0.25~0.35	0.4~0.7	0.5~1.0	0.7~1.3	1.0~1.8

精加工的表面质量不仅受刀尖圆弧半径和进给量的影响,还受零件装夹稳定性、夹具和机床的整体条件等因素的影响;非涂层刀片比涂层刀片加工的表面质量高。

3. 断屑槽形状的选择

断屑槽的参数会直接影响切屑的卷曲和折断,目前刀片的断屑槽形式较多,各种断屑槽刀片使用情况不尽相同。断屑槽形状根据加工类型和加工对象的材料特性来确定。各供应商表示方法不一样,但思路基本一样。基本槽形按加工类型有精加工(代码为 F)、普通加工(代码为 M)和粗加工(代码为 R);加工材料按国际标准有加工钢的 P 类,不锈钢、合金钢的 M 类和铸铁的 K 类。

这两种情况组合就有了相应的槽形,例如,FP 是指用于钢的精加工槽形,MK 是指用于铸铁的普通加工槽形等。如果加工向两个方向扩展,如超精加工和重型粗加工,同时材料也扩展,如耐热合金、铝合金和有色金属等,就有了超精加工、重型粗加工和加工耐热合金、铝合金等补充槽形,选择时可查阅有关产品样本。一般可根据零件材料和加工的条件选择合适的断屑槽形和参数,当断屑槽形和参数确定后,主要靠进给量的改变控制断屑。

(三)车削类工具系统

数控车床的刀架是机床的重要组成部分,其结构会直接影响机床的切削性能和零件的加工质量,也体现了数控车床的设计与制造水平。

目前,广泛采用的转塔式刀架有立式和卧式两种结构形式,如图 1-12 所示。它设有多刀位自动定位装置,通过塔头的旋转、分度和定位来实现刀具的自动更换,其分度准确、定位可靠、重复定位精度高、转位速度快、夹紧刚性好,从而确保了数控车床的高精度和高效率。转塔式刀架的工具系统如图 1-13 所示。

(a) 立式　　　　　　　　(b) 卧式

图 1-12　转塔式刀架

刀具安装后的相关尺寸是程序编制的重要数据,刀盘上每一把刀具与刀盘基面在 X 轴方向和 Z 轴方向的距离都应准确测量并标示出来,供坐标计算使用,如图 1-14 所示。

(四)数控刀具的安装

装刀与对刀是数控车床加工操作中非常重要和复杂的一项基本工作。装刀与对刀的精度,将直接影响加工程序的编制及零件的尺寸精度。现以数控车床转塔式刀架刀具的安装为例,说明刀具的安装操作。数控车床使用的转塔设有 8 个刀位(有的是 12 个刀

车床刀具安装

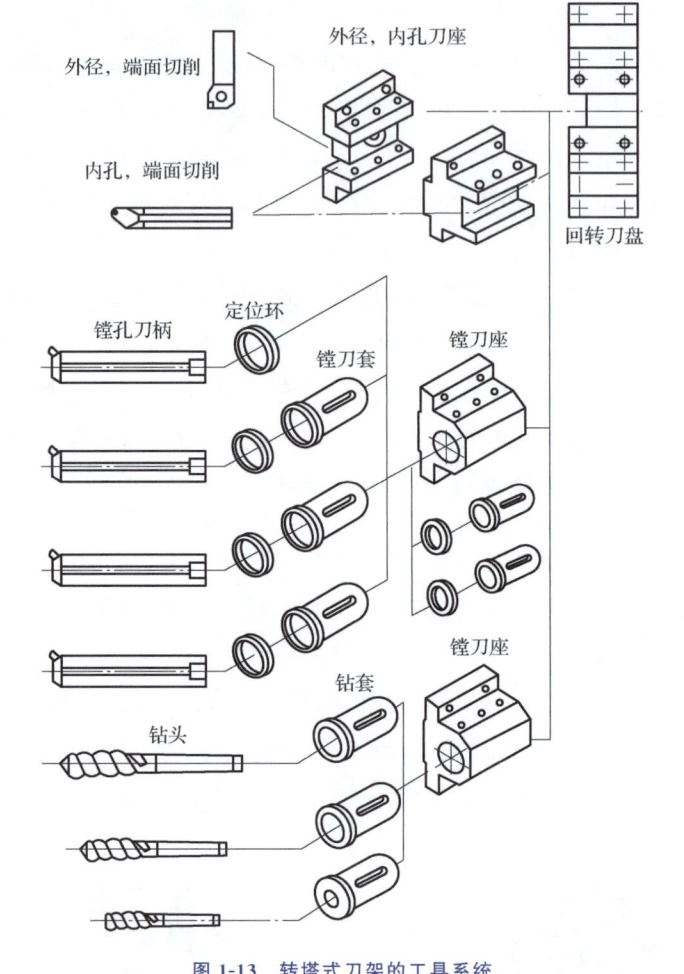

图 1-13 转塔式刀架的工具系统

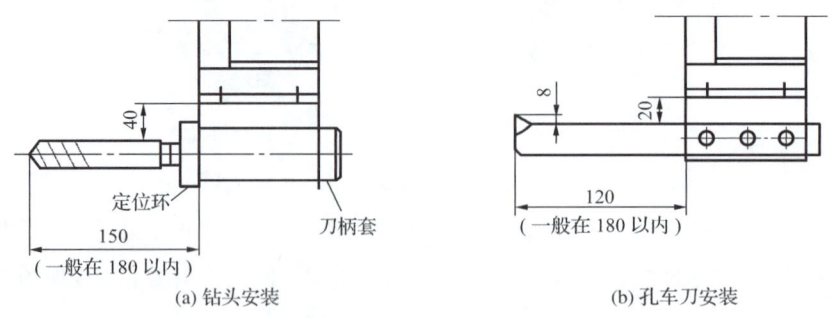

(a) 钻头安装   (b) 孔车刀安装

图 1-14 刀具安装后的相关尺寸

位),并在刀架的端面上刻有 1～8 的字样,如图 1-15 所示。

1. 外圆车刀的安装

外圆车刀可以正向安装[图 1-16(a)],也可以反向安装[图 1-16(b)],车刀靠垫刀块上的两个螺钉反向压紧[图 1-16(c)]。刀具轴向定位靠侧面,径向定位靠刀柄端面,将刀柄端面靠在刀架中心圆柱上。因此,刀具装拆以后仍能保持较高的定位精度。

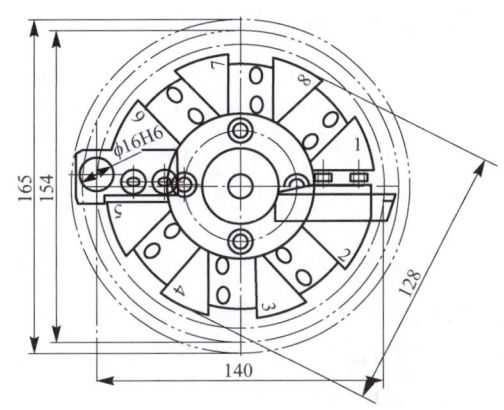

图 1-15 转塔刀架端面

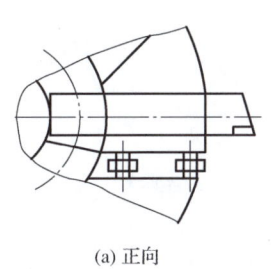
(a) 正向

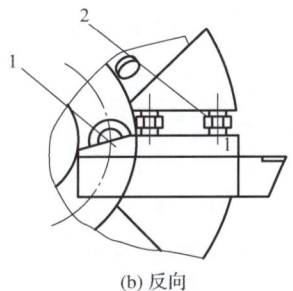
(b) 反向

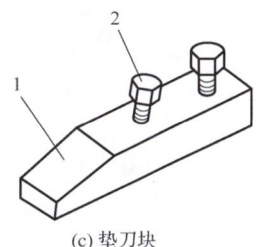
(c) 垫刀块

图 1-16 刀具的压紧和定位

1—垫刀块；2—螺钉

2. 内孔刀具的安装

如图 1-17 所示，麻花钻头可安装在内孔刀座中，内孔刀座用两个螺钉固定在刀架上。麻花钻头的侧面用两个螺钉紧固，直径较小的麻花钻头可增加隔套再用螺钉紧固。内孔车刀做成圆柄，并在刀杆上加工出一个小平面，两个螺钉通过小平面紧固在刀架上，如图 1-17(b) 所示。

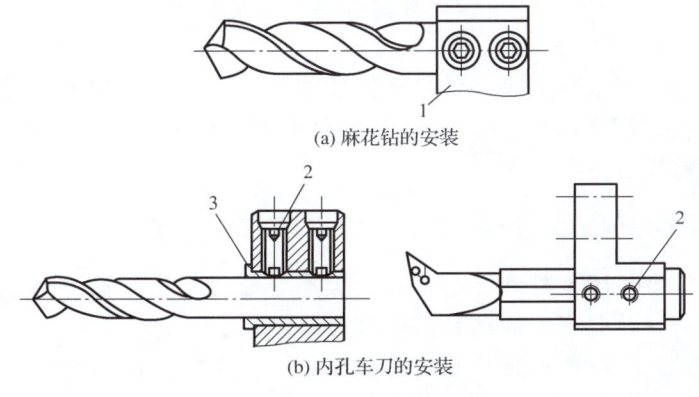

图 1-17 内孔刀具的安装

1—内孔刀座；2—螺钉；3—隔套

车刀安装得正确与否,将直接影响切削能否顺利进行和零件的加工质量。安装车刀时,应注意以下问题:

(1)车刀安装在刀架上,伸出部分不宜太长,伸出量一般为刀杆高度的1.0~1.5倍。伸出过长会使刀杆刚性变差,切削时易产生振动,影响零件的表面粗糙度。

(2)车刀垫铁要平整,数量要少,垫铁应与刀架对齐。车刀至少要用两个螺钉压紧在刀架上,并逐个拧紧。

(3)车刀刀尖应与零件轴线等高,如图1-18(a)所示,否则会因基面和切削平面的位置发生变化,而改变车刀工作时前角和后角的数值。图1-18(b)所示为车刀刀尖高于零件轴线,使后角减小,增大了车刀后刀面与零件间的摩擦;图1-18(c)所示为车刀刀尖低于零件轴线,使前角减小,切削力增大,切削不顺利。

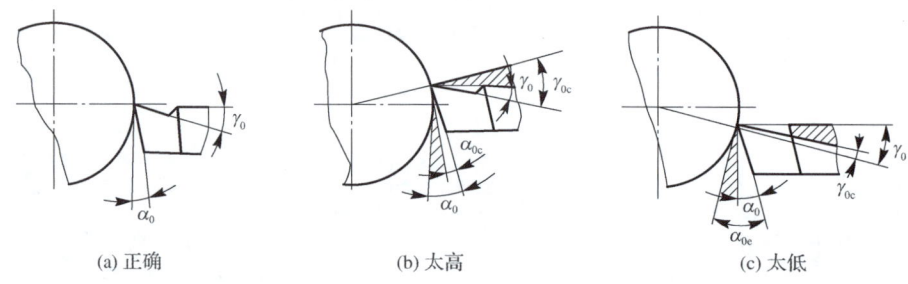

(a) 正确　　　　　　　(b) 太高　　　　　　　(c) 太低

图 1-18　装刀高低对前后角的影响

车削端面时,车刀刀尖若高于或低于零件中心,车削后零件端面中心处会留有凸头,如图1-19所示。使用硬质合金车刀时,若不注意这一点,车削到中心处会使刀尖崩碎。

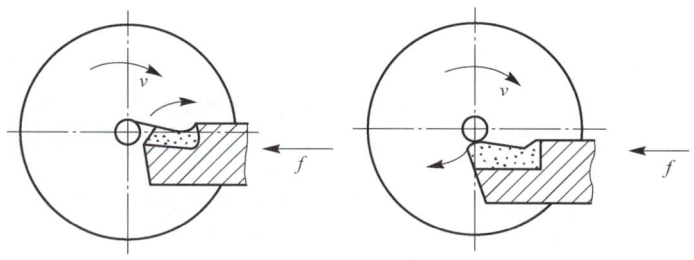

图 1-19　车刀刀尖不对准零件中心的后果

(4)车刀刀杆中心线应与进给方向垂直,否则会使主偏角和副偏角的数值发生变化,如图1-20所示。如螺纹车刀安装歪斜,会使螺纹牙型半角产生误差。用偏刀车削台阶时,必须使车刀主切削刃与零件轴线之间的夹角在安装后大于或等于90°,否则,车出来的台阶面与零件轴线不垂直。

三、数控车床常用夹具的选择

车床夹具可分为通用夹具和专用夹具两大类。通用夹具是指能够装夹两种或两种以上零件的夹具,例如车床上的三爪卡盘、四爪卡盘、花盘和心轴等;专用夹具是专门为加工某一特定零件的某一工序而设计的夹具。

数控车床常用的夹具
和装夹方法

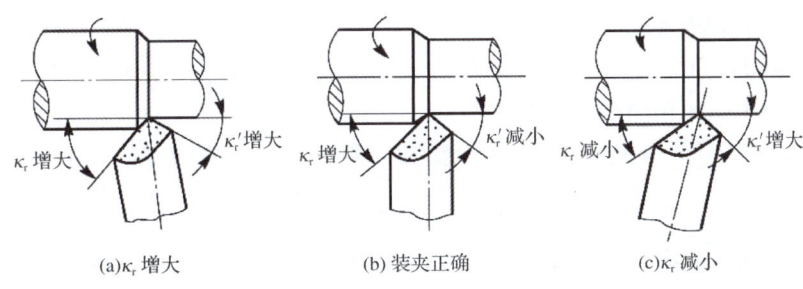

图 1-20　车刀装偏对主、副偏角的影响

（一）通用夹具

车床夹具安装在车床主轴上,带动零件一起随主轴旋转。

1. 三爪卡盘

三爪卡盘如图 1-21 所示,是一种常用的自动定心夹具,适用于装夹轴类、盘套类零件。

2. 四爪卡盘

四爪卡盘如图 1-22 所示,适用于装夹形状不规则、非圆柱、偏心及位置与尺寸精度要求高的零件。

3. 花盘

花盘如图 1-23 所示,与其他车床附件配合使用,适用于装夹形状不规则、偏心及需要端面定位夹紧的零件。

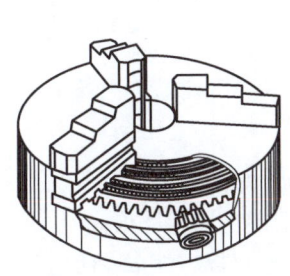 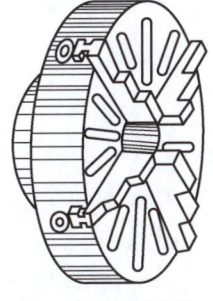 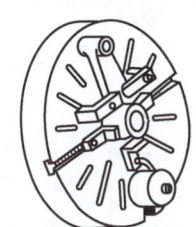

图 1-21　三爪卡盘　　　图 1-22　四爪卡盘　　　图 1-23　花盘

4. 心轴

常用的心轴有圆柱心轴、圆锥心轴和花键心轴。圆柱心轴主要用于套筒和盘类零件的装夹;圆锥心轴的定心精度高,但零件的轴向位移误差较大,用于以孔为定位基准的零件装夹;花键心轴用于以花键孔定位的零件装夹。

在数控车削加工过程中,夹具是用来装夹被加工零件的,因此必须保证被加工零件的定位精度,并尽可能做到装卸方便、快捷。

选择夹具时应优先考虑通用夹具。使用通用夹具无法装夹,或者不能保证被加工零件与加工工序的定位精度时,才采用专用夹具。专用夹具的定位精度较高,成本也较高。

（二）专用夹具

专用夹具的作用如下:

(1)保证产品质量。

(2)提高加工效率。

(3)解决车床加工中的特殊装夹问题。

(4)扩大机床的使用范围。

使用专用夹具可以完成非轴套、非轮盘类零件的孔、轴、槽和螺纹等的加工,可扩大机床的使用范围。

四、数控车床常用量具的选择

测量数控车床外形轮廓常用的量具主要有游标卡尺、千分尺、万能角度尺、R规、百分表等,如图1-24所示。

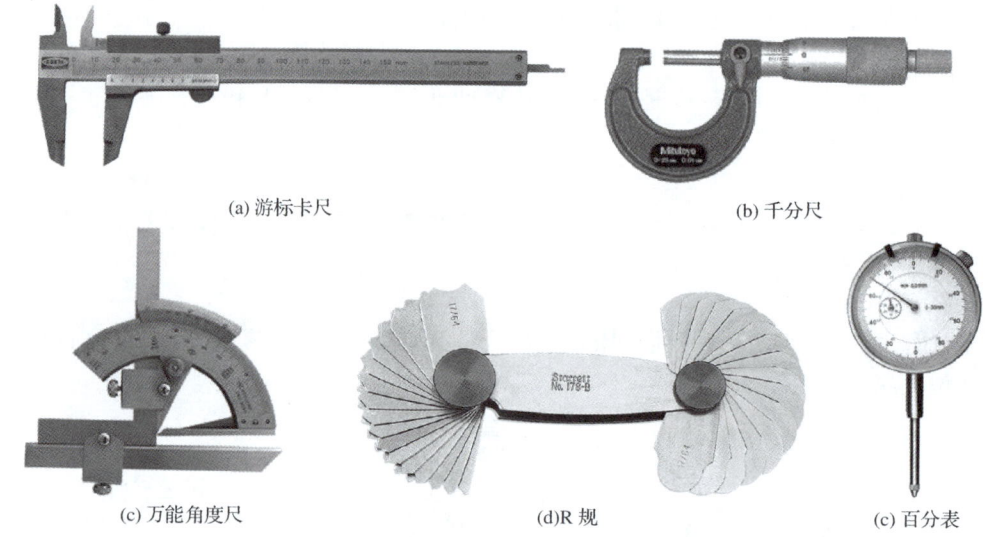

(a)游标卡尺　　(b)千分尺

(c)万能角度尺　　(d)R规　　(e)百分表

图1-24　外形轮廓测量常用的量具

(1)用游标卡尺测量零件时,对测量者的手感要求较高。测量时,游标卡尺夹持零件的松紧程度对测量结果影响较大。因此,其实际测量时的测量精度不是很高。

(2)千分尺的测量精度通常为0.01 mm,测量灵敏度要比游标卡尺高,而且测量时也易于控制其夹持零件的松紧程度。因此,千分尺主要用于测量精度较高的尺寸。

(3)万能角度尺主要用于各种角度和垂直度的测量,测量是采用透光检查法进行的。

(4)R规主要用于各种圆弧的测量,测量是采用透光检查法进行的。

(5)百分表则借助于磁性表座进行同轴度、跳动度、平行度等几何公差的测量。

五、数控机床的操作面板

FANUC 0i系统面板与其他系统的面板结构基本相同。如图1-25所示为通用技术集团沈阳机床有限责任公司出厂的FANUC Series 0i Mate-TD操作面板。其工作界面主要包括液晶显示器、MDI键盘、急停按钮、功能键和控制面板。MDI键盘和控制面板是各系统最常用的部分。

项目1　数控车床基本操作

图 1-25　FANUC Series 0i Mate-TD 操作面板

数控车床面板的基本操作

(1)液晶显示器位于操作面板的左上角,主要显示软件的操作界面和加工时所需要的相关数据。

(2)功能键没有确定的功能内容,由于其功能随着液晶显示器显示内容的变化而改变,因此通常称作软键。

(3)MDI 键盘作为系统的输入设备,完成程序的输入、参数修改等工作。

(4)控制面板是用手动操作控制其工作状态的,主要包括自动、单段、手动、增量、回零等操作。

(5)在操作过程中,初学者通常对程序的正确性、合理性了解不够。因此在操作过程中或多或少会出现问题,操作人员尽量在加工过程中将手靠近急停按钮,当出现问题时,按急停按钮,以免发生不必要的危险。

表 1-3 详细说明了 FANUC Series 0i Mate-TD 操作面板各个按钮的功能。

表 1-3　　　　　　　　　　　　　　面板按钮说明

按钮	名称	功能说明
编辑	编辑	按此按钮,系统可进入程序编辑状态,用于直接通过操作面板输入数控程序和编辑程序
MDI	MDI	按此按钮,系统可进入 MDI 模式,手动输入并执行指令
自动	自动	按此按钮,系统可进入自动加工模式
手动	手动	按此按钮,系统可进入手动模式,手动连续移动机床
X手摇	X 手摇	按此按钮,系统可进入手轮/手动点动模式,并且进给轴向为 X 轴

21

续表

按钮	名称	功能说明
Z手摇	Z手摇	按此按钮，系统可进入手轮/手动点动模式，并且进给轴向为Z轴
回零	回零	按此按钮，系统可进入回零模式
X1 F0 / X10 25% / X100 50% / X1000 100%	手动点动/手轮倍率	在手动点动或手轮模式下按此按钮，可以改变步进倍率
单段	单段	按此按钮，运行程序时每次执行一条数控指令
跳步	跳步	按此按钮，数控程序中的注释符号"/"有效
机床锁住	机床锁住	按此按钮，机床锁住，无法移动
机床停止	机床停止	按此按钮，机床可进行复位
空运行	空运行	系统进入空运行模式
程序重启动	程序重启动	暂不支持
系统电源	绿色按钮为电源开	按此按钮，系统总电源开
系统电源	红色按钮为电源关	按此按钮，系统总电源关
数据保护	数据保护	按此按钮可以切换允许/禁止程序执行
急停按钮	急停按钮	按下急停按钮，机床移动立即停止，并且所有的输出，如主轴的转动等都会关闭
手轮	手轮	按此按钮可以显示或隐藏手轮
液压	液压	暂不支持
中心架	中心架	暂不支持

续表

按钮	名称	功能说明
主轴正转	主轴正转	暂不支持
运屑器反转	运屑器反转	暂不支持
运屑器停住	运屑器停住	暂不支持
套筒进退	套筒进退	暂不支持
主轴停止	主轴停止	控制主轴停止转动
主轴正转	主轴正转	控制主轴正转
主轴反转	主轴反转	控制主轴反转
主轴点动	主轴点动	暂不支持
润滑	润滑	暂不支持
冷却	冷却	暂不支持
手动选刀	手动选刀	按此按钮,可以旋转刀架至所需刀具
循环启动	循环启动	程序运行开始;系统处于"自动运行"或"MDI"位置时按下有效,其余模式下使用无效
进给保持	进给保持	在程序运行过程中,按下此按钮程序运行暂停。按"循环启动"恢复运行
↑	X 轴负方向按钮	手动方式下,按该按钮,主轴向 X 轴负方向移动
↓	X 轴正方向按钮	手动方式下,按该按钮,主轴将向 X 轴正方向移动
←	Z 轴负方向按钮	手动方式下,按该按钮,主轴向 Z 轴负方向移动

续表

按钮	名称	功能说明
➡	Z 轴正方向按钮	手动方式下,按该按钮,主轴将向 Z 轴正方向移动
快移	快速移动按钮	按该按钮系统进入手动快速移动模式
(手轮图)	手轮	将光标移至此旋钮上后,通过单击左键或单击鼠标的右键来转动手轮
(进给倍率旋钮)	进给倍率	调节主轴运行时的进给速度倍率
(主轴倍率旋钮)	主轴倍率	通过此旋钮可以调节主轴转速倍率

六、机床坐标系和零件坐标系

数控机床的动作是由数控装置来控制的,为了确定数控机床的成形运动和辅助运动,必须确定运动的位移和方向,这要通过坐标系来实现,这个坐标系称为机床坐标系。

(一)机床坐标系的确定

机床坐标系中 X、Y、Z 坐标轴的相互关系,用右手笛卡儿直角坐标系确定,如图 1-26 所示。

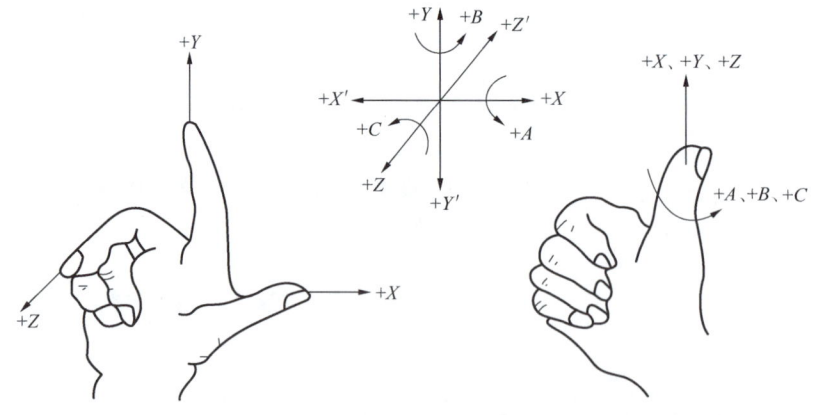

图 1-26 右手笛卡儿直角坐标系

坐标系和相关术语

(1)右手的大拇指、食指和中指相互垂直,互为 90°,大拇指方向为 X 轴正方向,食指方向为 Y 轴正方向,中指方向为 Z 轴正方向。

(2)围绕 X、Y、Z 坐标轴旋转的坐标,分别用 A、B、C 表示,根据右手螺旋定则,大拇指指向坐标轴的正方向,则其余四指的旋转方向为旋转坐标的正方向。

（3）有的数控机床是刀具运动，零件固定；有的是零件运动，刀具固定。为便于编程人员在不确定是刀具运动还是零件运动的情况下，一律假定零件固定不动，刀具相对于静止零件而运动。这一规定可理解为刀具离开零件的方向便是机床某一运动的正方向。

坐标轴确定的方法及步骤：确定机床坐标轴时，一般是先确定 Z 轴，然后确定 X 轴，最后确定 Y 轴，一般假定零件静止，刀具运动。刀具与零件距离增大的方向为坐标轴的正方向。

1. Z 轴

Z 轴的运动方向是由传递切削动力的主轴所决定的，即平行于主轴轴线的坐标轴为 Z 轴，Z 轴的正方向为刀具离开零件的方向。

如果机床上有几个主轴，则垂直于零件装夹平面的主轴为 Z 轴；如果主轴能够摆动，则垂直于零件装夹平面的主轴为 Z 轴；如果机床无主轴，则垂直于零件装夹平面的坐标轴为 Z 轴。

2. X 轴

X 轴平行于零件的装夹平面。如果零件做旋转运动，则刀具离开零件的方向为 X 轴的正方向。

3. Y 轴

在确定 X、Z 轴的正方向后，可根据 X 和 Z 轴的方向，按照右手笛卡儿直角坐标系确定 Y 轴的正方向。

4. 机床原点的设置

机床原点指在机床上设置的一个固定点，即机床坐标系的原点。它在机床装配、调试时就已确定下来，是数控机床进行加工运动的基准参考点。

（1）数控车床的机床原点

在数控车床上，机床原点一般取在卡盘端面与主轴轴线的交点处，如图 1-27 所示。同时，通过设置参数的方法，也可将机床原点设定在 X、Z 坐标正方向的极限位置上。

（2）数控铣床的机床原点

数控铣床的机床原点一般取在 X、Y、Z 坐标正方向的极限位置上，如图 1-28 所示。

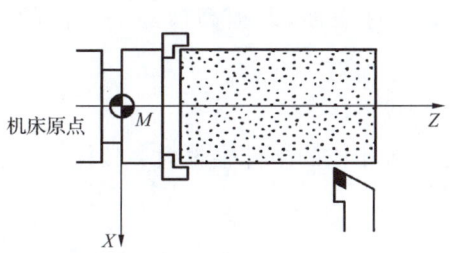

图 1-27　数控车床的机床原点

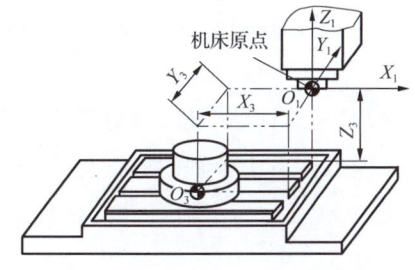

图 1-28　数控铣床的机床原点

5. 机床参考点

机床参考点是用于对机床运动进行检测和控制的固定位置点。机床参考点的位置是由机床制造厂家在每个进给轴上用限位开关精确调整好的,坐标值已输入数控系统,并且记录在机床的说明书中,用户不得更改,因此机床参考点对机床原点的坐标是一个已知数。也就是说,可以根据机床参考点在机床坐标系中的坐标值间接确定机床原点的位置。通常在数控铣床上,机床原点和机床参考点是重合的;而在数控车床上,机床参考点是离机床原点最远的极限点。图 1-29 所示为数控车床的机床参考点和机床原点。

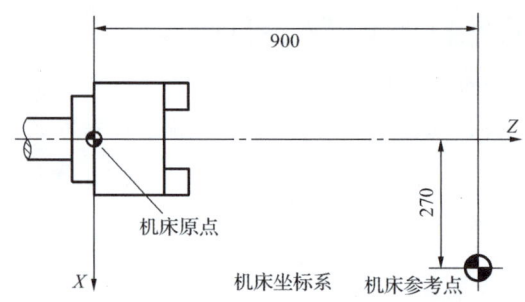

图 1-29　数控车床的机床参考点和机床原点

数控机床开机时,必须先确定机床原点,而确定机床原点的运动就是刀架返回参考点的操作,这样通过确认机床参考点,就确定了机床原点。只有机床参考点被确认后,刀具(或工作台)移动才有基准。

(二)零件坐标系的确定

零件坐标系是编程人员在编程时设定的坐标系,也称为编程坐标系。在进行数控编程时,首先要根据被加工零件的形状特点和尺寸,在零件图样上建立零件坐标系,使零件上所有几何元素都有确定的位置,同时也决定了在数控加工时,零件在机床上的安装方向。零件坐标系的建立包括坐标原点的选择和坐标轴的确定。

零件坐标系原点也称为零件原点(零件零点)或编程原点(编程零点),与机床坐标系不同,零件原点是根据加工零件图样及加工工艺要求选定的编程坐标系的原点。选择零件原点应遵循下列原则:

(1)尽量选择在零件的设计基准或工艺基准上,便于计算、测量、检验和编程。

(2)尽量选在尺寸精度高、表面粗糙度值小的零件表面,以提高被加工零件的加工精度。

(3)对于对称的零件,最好选在零件的对称中心线上。

零件坐标系中各轴的方向应与所使用的数控机床相应的坐标轴方向一致。

图 1-30 所示为车削零件的编程原点。

项目1　数控车床基本操作

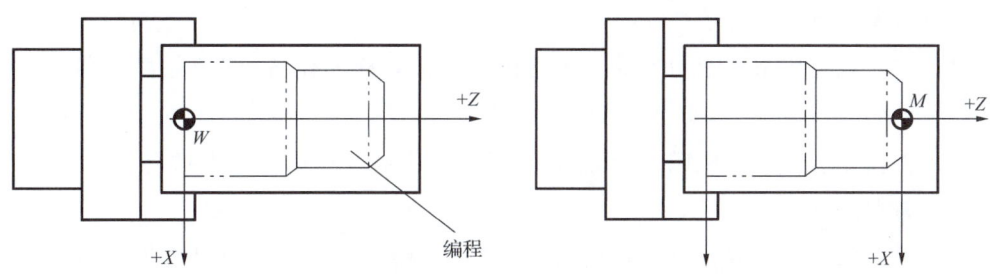

图 1-30　车削零件的编程原点

七、机床对刀

（一）刀位点、对刀点、对刀参考点和换刀点

1. 刀位点

刀位点是编制加工程序时表示刀具位置的坐标点，一般是刀具上的一点。如图 1-31 所示，尖形车刀的刀位点为理想的刀尖点，刀尖带圆弧的车刀，刀位点在圆弧中心；钻头的刀位点为钻尖。数控加工程序控制刀具的运动轨迹，实际上是控制刀位点的运动轨迹。

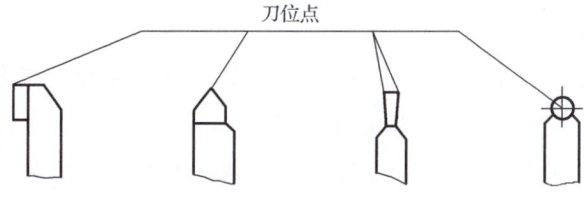

图 1-31　刀位点

2. 对刀点

对刀点是用来确定刀具与零件相对位置的点，是确定零件坐标系与机床坐标系关系的点，如图 1-32 所示的 A 点。在数控机床上加工零件时，对刀点是刀具相对于零件运动的起点，因为数控加工程序是从这一点开始执行的，所以对刀点也称为起刀点。对刀就是将刀位点置于对刀点上，以便建立零件坐标系。

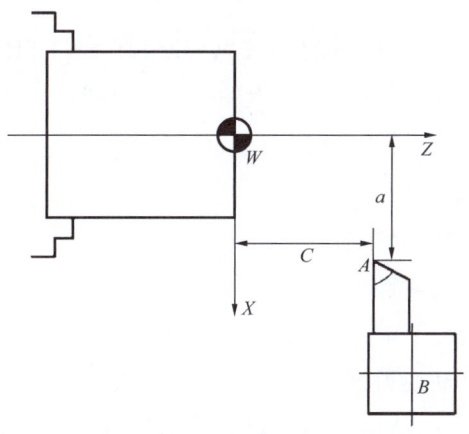

图 1-32　对刀点

3. 对刀参考点

对刀参考点是用来表示刀架或刀盘在机床坐标系内的位置,即液晶显示器上显示的坐标值表示的点,也称为刀架中心或对刀参考点,如图 1-32 所示的 B 点。可利用此坐标值进行对刀操作。数控车床回参考点时,应使刀架中心与机床参考点重合。

4. 换刀点

在数控车床上加工零件时,需要经常换刀,在编制程序时,就要设置换刀点。换刀点是指数控程序指定用于换刀的位置。换刀点可以是一个固定点,也可以是任意一点。换刀点应设在零件或夹具的外部,避免刀架转位时刀具与零件、夹具及机床产生干涉。

(二)对刀的目的和方法

在实际生产中,数控车床车削加工零件前,必须先进行对刀操作,准确的对刀操作是实现零件精确加工的基础。对刀的目的是确定零件坐标系原点在机床坐标系中的位置,只有通过对刀才能在机床坐标系中建立合适的零件坐标系。

刀补值的测量过程称为对刀操作。常见的对刀方法有两种:对刀仪对刀和试切法对刀。

1. 对刀仪对刀

对刀仪分为机械检测对刀仪(又称电子对刀仪)和光学检测对刀仪。

对刀仪对刀一般将显微对刀仪固定于车床上,用于建立刀具之间的补偿值。因各把刀具尺寸不相同,故刀具在装到刀架后刀位点在机床中的坐标值各不相同。如果不建立刀具之间的补偿值,运行相同的程序时就不可能加工出相同的尺寸。为使采用不同的刀具在运行相同的程序时能够加工出相同的尺寸,必须建立刀具间的补偿值。其操作步骤如下:

(1)首先移动基准刀,使其刀位点对准显微镜的十字线中心。

(2)将基准刀在该点的相对位置清零,具体操作:选择相对位置显示,按"X"键,按"起源"软键。

(3)将其刀具补偿值清零,具体操作:按"OFFSET SETTING"键,按"补正"软键,选择"形状",在基准刀相对应的刀具补偿号上输入"X0、Z0"。

(4)选择机床的手动操作模式,移出刀架,换刀。

(5)使其刀位点对准显微镜的十字线中心。

(6)选择机床的 MDI 操作模式。

(7)设置刀具补偿值,具体操作:按"OFFSET SETTING"键,按"补正"软键,选择"形状",在相对应的刀具补偿号上输入"X、Z"。

(8)移出刀架,执行自动换刀指令即可。

对刀仪自动对刀的优点:使用对刀仪对刀可避免测量时产生的误差,大大提高了对刀精度。由于使用对刀仪可以自动计算各把刀具的刀长与刀宽的差值,并将其存入系统,在加工另外的零件时只需要对标准刀具,这样大大节约了时间。需要注意的是,使用对刀仪对刀一般都设有标准刀具,在对刀时先对标准刀具。

2. 试切法对刀

试切法对刀用于建立加工坐标系。若将工件装在车床上,为了加工出所需工件,必须将编程原点设为加工原点,建立加工坐标系,从而确定刀具和工件的相对位置,使刀具按照编程轨迹运动,最终加工出所需零件。试切法对刀是实际中应用最多的一种对刀方法。

采用试切法对刀,即采用刀具补偿参数 T 功能对刀。

T 指令对刀的程序调用格式:T××××,前两位阿拉伯数字表示选择的刀具号,后两位阿拉伯数字表示刀具补偿号。如果调用第 i 把车刀,则用 $T0i0i$ 指令建立零件坐标系。例如,要调用第一把车刀和一号刀补,则用 T0101 指令。具体步骤如下:

(1)主轴正转:运行 M03 S800 指令。具体步骤如下:

①选择操作面板上的 MDI 方式。

②按显示屏上的"PROG"按钮。

③输入 M03 S500 EOB。

④按显示屏上的"INSERT"按钮。

⑤按操作面板上的"循环"按钮。

数控车床的装刀和对刀

(2)用所选刀具试切零件外圆,如图 1-33 所示,使主轴停止转动,按"测量/坐标测量"按钮,得到试切后的零件直径,比如 53.24。

(3)保持 X 轴方向不动,刀具退出。按 MDI 键盘上的"OFFSET SETTING"键,进入形状补偿参数设定界面,将光标移到相应的位置,输入"X53.24",按"测量"软键(图 1-34)输入。

(4)试切零件端面,如图 1-35 所示。此处以零件端面中心点为零件坐标系原点,读出端面在零件坐标系中 Z 的坐标值,记为 0。

图 1-33 试切外圆

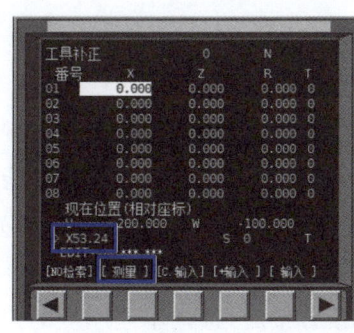
图 1-34 刀具形状补偿界面

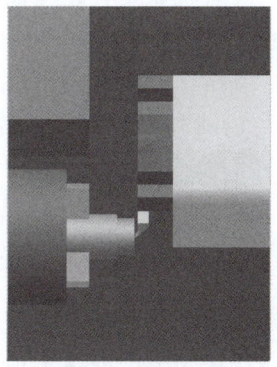
图 1-35 试切零件端面

(5)保持 Z 轴方向不动,刀具退出。进入形状补偿参数设定界面,将光标移到相应的位置,输入 Z0,按"测量"软键,输入到指定区域。

任务执行

一、机床开机

(1)接通数控机床电源。
(2)接通数控系统电源,检查 CRT 画面内容。
(3)按急停按钮。

> **注意**
> 接通数控系统电源后,系统软件自动运行。启动完毕后,CRT 画面显示"EMG"报警,此时应松开急停按钮,然后按"复位"键,数控机床将复位。

二、返回机床参考点

(1)选择回零方式。
(2)在回零(回原点)模式下,先让 X 轴回原点,按操作面板上的"X"按钮,X 轴方向移动指示灯亮,按"+"按钮,此时 X 轴将回原点,X 轴回原点指示灯亮。同样,再按 Z 轴方向的移动按钮"Z",Z 轴方向移动指示灯亮;按"+"按钮,此时 Z 轴将回原点,Z 轴回原点指示灯亮。
(3)注意事项如下:
①返回机床参考点应先回 X 轴、再回 Z 轴,以免发生碰撞。
②若刀架离机床参考点太近,则返回机床参考点时机床易产生超程报警。
③若机床发生超程报警,则按"超程解除"按钮,手动向相反方向运动,按"复位"键解除。
④机床断电、急停或机床锁住后需重新进行回零操作。

三、装夹工件及刀具

将工件装夹在三爪卡盘上,三爪卡盘具有自动定心功能,较短工件无须找正。
(1)车刀刀尖的高度应对准回转中心。一般粗车时,车刀刀尖的高度比回转中心稍高一些;精车时,车刀刀尖的高度稍低一些,一般不超工件直径的1%。可采用试切断面或根据尾座顶尖的高度找正。锁紧刀架后,选择不同厚度的刀垫垫在刀杆下面,刀垫数量一般为2~3个。

(2)刀头不能伸出刀架过长,一般为刀坯厚度的 1.5～2 倍,如果要伸出较长才能满足加工要求,也不能超过刀坯厚度的 3 倍。

(3)装上车刀后,紧固刀架螺钉,一般要紧固 2 个刀架螺钉且应逐个拧紧。

四、手动切削工件

(1)按操作面板上的"手摇"按钮,手摇状态指示灯亮,机床进入手摇操作模式;按"回零"按钮,Z 轴方向移动指示灯亮;按"手动"按钮,使机床在 Z 轴方向移动;用同样方法使机床在 X 轴方向移动。通过"手摇"方式将刀具靠近工件,如图 1-36 所示。

(2)按操作面板上的"正转"或"反转"按钮,使其指示灯变亮,主轴转动。

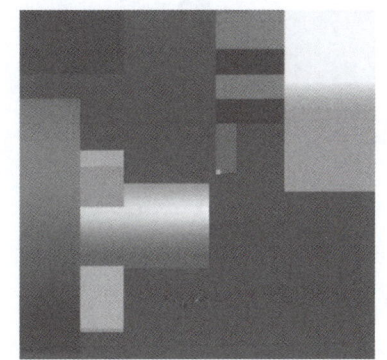

图 1-36　刀具靠近工件

(3)按 X 轴方向选择按钮,X 轴方向指示灯亮,按 Z 按钮,使车刀沿 X 轴方向退至稍大于工件直径的位置。

(4)按 Z 按钮,再按 — 按钮,使刀具切入一定深度(约为 1 mm)。

调小进给倍率至"×10",按 X 轴方向选择按钮,X 轴方向指示灯亮,按 — 按钮,使车刀切削端面至工件中心;按 + 按钮,使刀具退出,并记录此时机床的坐标值 Z_1。

(5)按"—""X"按钮,使刀具按直径方向切入一定深度(约为 1 mm)。

(6)调小进给倍率,按 Z 轴方向选择按钮,Z 轴方向指示灯亮,按 — 按钮,使车刀切削外圆至 $Z_2=Z_1-25$,按 + 按钮,使刀具退出,记录此时的 X_1 坐标值。

(7)测量工件外径,记为 d,零件要求加工尺寸为 $\phi 32$ mm,按"—""X"按钮,使刀具按直径方向切入至坐标值 $X_2=X_1-(d-32)$。

(8)调小进给倍率,按 Z 轴方向选择按钮,Z 轴方向指示灯亮,按 — 按钮,使车刀切削外圆至 $Z_2=Z_1-25$。

(9)按"+""X"按钮,使刀具退出工件外圆 1～2 mm,按"+""Z"按钮,使刀具快速退出到安全位置。

(10)手动换 45°外圆车刀,倒角 C2,刀具退出,主轴停止旋转。

五、测量工件

使用 0~150 mm 游标卡尺测量工件的外径及长度,若有误差,应及时车削修正。

(1)游标卡尺的使用方法如图 1-37 所示。

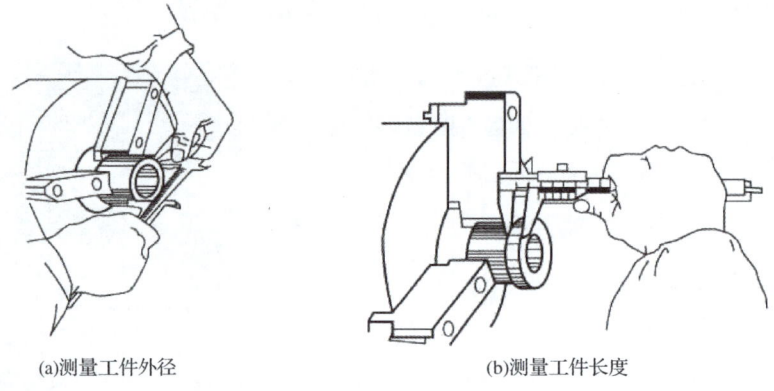

(a)测量工件外径　　　　(b)测量工件长度

图 1-37　游标卡尺测量工件

(2)正确识读游标卡尺,如图 1-38 所示。

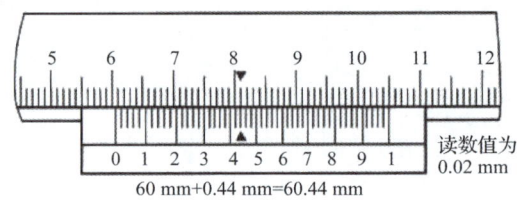

图 1-38　游标卡尺正确读数

六、关闭机床

拆卸工件、刀具,将刀架移动到机床尾部,打扫床身及导轨并在导轨上涂抹润滑油,关闭数控急停按钮,关闭数控系统电源,关闭数控机床电源,关闭总电源。

七、机床操作注意事项

(1)机床回参考点后切换成手动(JOG)模式时,不能按"＋""X""＋""Z"按钮,否则会因超程而报警,沿－X、－Z 轴移动也应注意不能超过机床移动范围。

(2)刚开始操作时尽量不用快速键,尤其是－Z、－X 方向,避免刀具撞到机床主轴或工件表面。

(3)工件、车刀的装拆要严格遵守安全操作规程。

(4)夹紧工件后,卡盘扳手要随时取下。

(5)试切削过程中,应随时注意调节进给速度旋钮,避免进给速度过快而损伤车刀。

(6)加工过程中应关好机床防护门。

拓展训练

训练目标

(1) 能够操作机床开机、关机、回零和手动换刀等。
(2) 能够手动熟练操作机床主轴旋转和刀具进给,并能调整速度。
(3) 能够正确装夹工件及刀具。
(4) 能够手动试切工件,并能根据坐标值保证工件尺寸。

图 1-39 所示为单复位杆零件图,要求学生在数控车床上手动加工完成。不允许使用纱布或锉刀修理表面,未注倒角为 C0.5,未注公差为 ±0.07 mm。

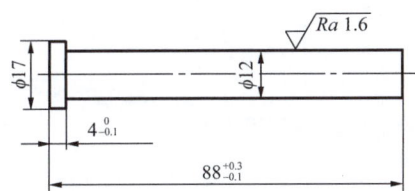

图 1-39　单复位杆零件图

项目 2
简单阶梯轴零件加工

◆ **学习目标**

知识目标

了解常用的切削液的种类和特点。
掌握加工余量和切削用量的计算方法。
掌握数控程序的一般格式。
掌握直径编程、小数点编程等编程规则。
掌握常用M指令和F、S、T指令。
掌握G00、G01、G02、G03、G90、G94指令编程方法。
掌握刀具补偿指令G41、G42、G40的使用方法。

能力目标

能合理选择切削液和切削用量。
具备刀具对刀和建立坐标系的能力。
具备圆柱面、锥面的程序编写和零件加工能力。
具备切槽和切断程序的编写和零件加工能力。
具有较好自主学习新知识和技能的能力。

素质目标

培养吃苦耐劳、严谨专注的精神。
培养虚心好学、求新务实的学习态度 。

项目2　简单阶梯轴零件加工

加工任务

某厂需要加工小批量齿轮轴,如图 2-1 所示,毛坯材料为 45 钢,任务完成后提交成品件和工艺文件。

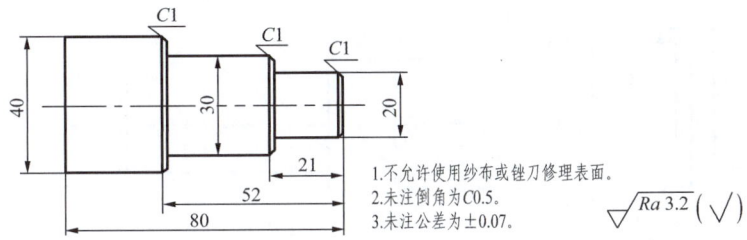

图 2-1　齿轮轴零件图

知识准备

一、数控车削的工艺分析方法

采用数控车床加工零件,必须根据数控车床的性能、特点、应用范围对零件加工工艺进行分析。

(1)分析被加工零件材料的机械性能和热处理状态,判断其加工的难易程度,为选择刀具和确定切削用量提供依据。

(2)分析零件毛坯的外形和内腔是否影响刀具定位、运动和切削的结构,为刀具运动路线的确定和程序的编制提供依据。

(3)分析零件毛坯是否有足够的加工余量,为选择刀具和分配加工余量提供依据。

(4)分析零件图中的尺寸标注方法是否适应数控加工的特点,为了编程方便和尺寸间的协调,尺寸最好从同一基准引注或直接给出相应的坐标尺寸。

(5)分析构成零件轮廓的几何元素条件是否充分,条件不足或几何元素之间关系模糊不清,会使数学处理和编程难以进行。

(6)分析零件结构的工艺是否有利于数控加工,零件的外形、内腔应尽可能采取统一的几何类型或尺寸,尽量减少刀具数量和换刀次数。

(一)加工工艺的制定

1. 基面先行

先加工定位基准面,减小后面工序的装夹误差。如轴类零件,先加工中心孔,再以中心孔为精基准加工外圆表面和端面。

2. 先粗后精

先对各表面进行粗加工,然后进行半精加工和精加工,逐步提高加工精度。

3. 先近后远

先加工离对刀点远的部位，后加工离对刀点近的部位，以缩短刀具的移动距离和空行程时间，同时有利于保持零件的刚性，改善切削条件。如图2-2所示，对于直径相差不大的阶梯轴，当第一刀的背吃刀量未超限时，应按 $\phi26$ mm→$\phi28$ mm→$\phi30$ mm 的顺序由近及远地进行车削。

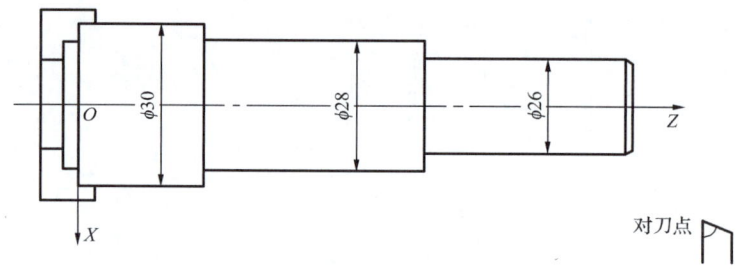

图 2-2　先近后远的加工方法

4. 内外交叉

先进行内、外表面的粗加工，后进行内、外表面的精加工。不能加工完内（或外）表面后，再加工外（或内）表面。

（二）加工工序的划分

（1）以一次安装零件所进行的加工作为一道工序。将位置精度要求较高的表面加工安排在一次安装下完成，以免多次安装所产生的安装误差影响位置精度。

（2）以粗、精加工划分工序。粗、精加工分开可以提高加工效率，对于容易发生加工变形的零件，更应将粗、精加工分开。

（3）以同一把刀具加工的内容划分工序。根据零件的结构特点，将加工内容分成若干部分，每一部分用一把典型刀具加工，这样可以减少换刀次数，缩短空行程时间。

（4）以加工部位划分工序。根据零件的结构特点，将加工的部位分成若干部分，每一部分的加工内容作为一个工序。

（三）进给路线的确定

进给路线指刀具在加工过程中相对于零件的运动轨迹，也称为走刀路线。它既包括切削加工的路线，又包括刀具切入、切出的空行程；不但包括工步的内容，也反映工步的顺序，是编写程序的依据之一。因此，以图形的方式表示进给路线，可为编程带来方便。

1. 粗加工进给路线的确定

（1）矩形循环进给路线

利用数控系统的矩形循环功能，确定矩形循环进给路线，如图2-3(a)所示。这种进给路线刀具切削时间最短，刀具损耗最小，为常用的粗加工进给路线。

(2)三角形循环进给路线

利用数控系统的三角形循环功能,确定三角形循环进给路线,如图 2-3(b)所示。

(3)沿零件轮廓循环进给路线

利用数控系统的复合循环功能,确定沿零件轮廓循环进给路线,如图 2-3(c)所示。这种进给路线刀具切削总行程最长,一般只适用于单件小批量生产。

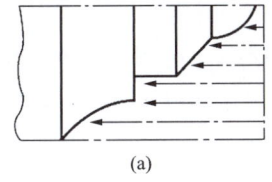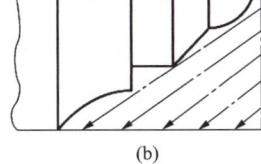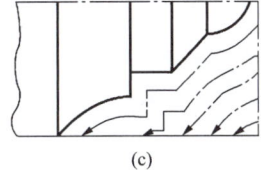

图 2-3 粗加工进给路线

(4)阶梯切削进给路线

当零件毛坯的切削余量较大时,可采用阶梯切削进给路线,如图 2-4 所示。在同样背吃刀量的条件下,若按图 2-4(a)所示序号 1~6 的顺序切削,加工后剩余量过多,不宜采用,应采用图 2-4(b)所示序号 1~6 的顺序切削。

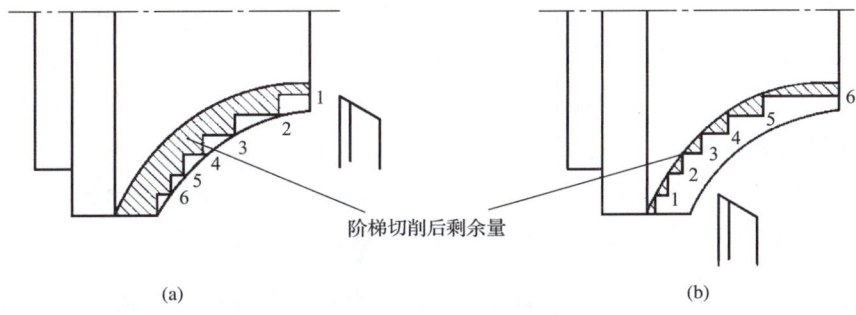

图 2-4 阶梯切削进给路线

2. 精加工进给路线的确定

(1)各部位精度要求一致的进给路线

在多刀进行精加工时,最后一刀要连续加工,并且要合理确定进、退刀位置,尽量不要在光滑连接的轮廓上安排切入和切出或换刀及停顿,以免因切削力变化造成弹性变形,产生表面划伤、形状突变或滞留刀痕等缺陷。

(2)各部位精度要求不一致的进给路线

当各部位精度要求相差不大时,要以精度高的部位为准,连续加工所有部位;当各部位精度要求相差很大时,可将精度相近的部位安排在同一进给路线,并且先加工精度低的部位,再加工精度高的部位。

(3)切入、切出及接刀点位置的选择

切入、切出及接刀点位置应选在零件上有空刀槽或表面有拐点、转角的位置,不应选在曲线相切或光滑连接的部位。

(四)工件的装夹

正确、合理地选择工件的定位与夹紧方式,是保证零件加工精度的必要条件。要力求使设计基准、工艺基准与编程计算基准统一,减小基准不重合误差,减少数控编程中的计算工作量,并尽量减少装夹次数;在多工序或多次安装中,要选择相同的定位基准,保证零件的位置精度。总之,要同时保证定位准确、可靠,夹紧机构简单,操作方便。

1. 在三爪自定心卡盘上装夹

这种方法装夹零件方便、省时,自动定心好,但夹紧力较小。适用于装夹外形规则的中、小型零件。三爪自定心卡盘可正爪或反爪装夹,反爪用来装夹直径较大的零件,如图 2-5 所示。

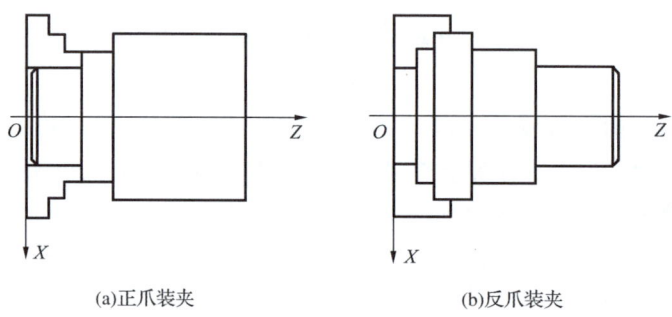

(a)正爪装夹　　　　　　　　(b)反爪装夹

图 2-5　三爪自定心卡盘的装夹方式

2. 在两顶尖之间装夹

这种方法装夹零件不需要找正,每次装夹的精度高。适用于装夹较长或加工工序较多的轴类零件,如图 2-6 所示。

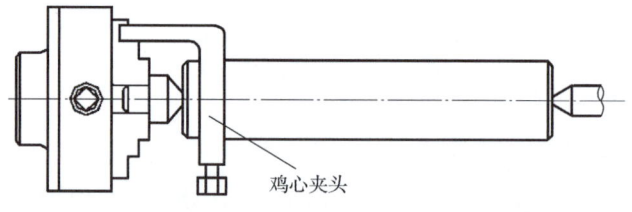

图 2-6　两顶尖装夹零件

3. 用卡盘和顶尖装夹

这种方法装夹零件刚性好,轴向定位准确,能承受较大的轴向切削力,比较安全。适用于车削质量较大的零件,一般在卡盘内装限位支承或利用零件台阶限位,防止零件由于切削力的作用而产生轴向位移,如图 2-7 所示。

4. 掉头装夹

轴类零件经常需要掉头装夹,左、右端分开加工。但一般的轴类零件在加工第二端时会有余量残留,这段余量的加工靠设定零件坐标系来完成。设定零件坐标系时,利用加工刀具切削零件端面,在"Z轴偏置"中输入"0"。确定零件的零点即在零件的右端面上。而

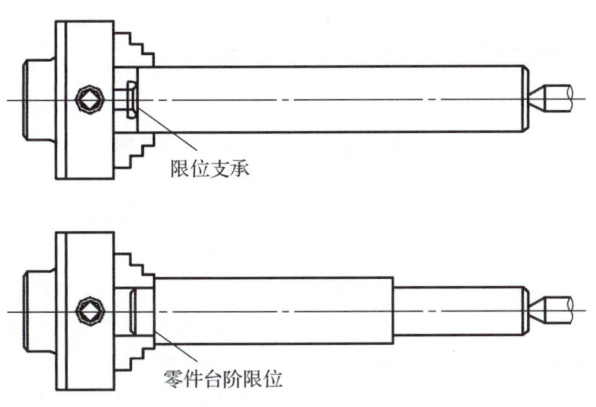

图 2-7 卡盘和顶尖装夹零件

掉头后由于存在余量,使得刀具不能与零件零点重合,其间距为加工余量,因此只需要在"Z轴偏置"中输入余量,系统会自动确定零件的零点。

掉头加工后,左、右刀具重合的位置会出现毛刺。为避免此类现象,一般将刀具路径设置一段重叠部分。

(五)切削用量的选择

数控车削加工中的切削用量包括背吃刀量、主轴转速或切削速度、进给速度或进给量。在编制加工程序的过程中,正确选择切削用量,使背吃刀量、主轴转速和进给速度三者间能相互适应,以形成最佳的切削参数。

1. 背吃刀量的确定

在车床系统刚性允许的条件下,尽可能选取较大的背吃刀量,以减少走刀次数,提高生产率。当零件的精度要求较高时,应考虑留出精车余量,常取 0.1~0.5 mm。

2. 主轴转速的确定

主轴转速应根据零件上被加工部位的直径,并按零件和刀具的材料及加工性质等所允许的切削速度来确定。在实际生产中,主轴转速的计算公式为

$$n = \frac{1\,000v}{\pi d_w}$$

式中　n——主轴转速,r/min;

　　　v——切削速度,m/min;

　　　d_w——零件待加工表面的直径,mm。

在确定主轴转速时,首先要确定切削速度,而切削速度又与背吃刀量和进给量有关。

切削速度又称为线速度,是指车刀切削刃上某一点相对于待加工表面在主运动方向上的瞬时速度。切削速度的确定,除了参考表 2-1 列出的数值外,还要根据实践经验。

进给量是指零件每转一周,车刀沿进给方向移动的距离。它与背吃刀量关系密切。粗车时,取 0.3~0.8 mm/r;精车时,取 0.1~0.3 mm/r;切断时,取 0.05~0.2 mm/r。选择时,要结合实际情况进行调整。

表 2-1　　　　　　　　　　　　　　　切削速度

零件材料	刀具材料	切削速度 v_c/(m·min^{-1})			
		背吃刀量 a_p/mm			
		0.13～0.38	0.38～2.40	2.40～4.70	4.70～9.50
		进给量 f/(mm·r^{-1})			
		0.05～0.13	0.13～0.38	0.38～0.76	0.76～1.30
低碳钢	高速钢	—	70～90	45～60	20～40
	硬质合金	215～365	165～215	120～165	90～120
中碳钢	高速钢	—	45～60	30～40	15～20
	硬质合金	130～165	100～130	75～100	55～75
灰铸铁	高速钢	—	35～45	25～35	20～25
	硬质合金	135～185	105～135	75～105	60～75
黄铜青铜	高速钢	—	85～105	70～85	45～70
	硬质合金	215～245	185～215	150～185	120～150
铝合金	高速钢	105～150	70～105	45～70	30～45
	硬质合金	215～300	135～215	90～135	60～90

3. 进给速度的确定

进给速度是指在单位时间内,刀具沿进给方向移动的距离。有些数控车床规定可以选用进给量表示进给速度。

进给速度会直接影响表面粗糙度和车削效率。因此,应在保证表面质量的前提下,选择较大的进给速度。一般应根据零件的表面粗糙度、刀具及零件材料等因素,查阅切削用量手册选取。切削用量手册给出的是每转进给量,进给速度的计算公式为

$$v_f = fn$$

式中　v_f——进给速度,mm/min;

　　　f——进给量,mm/r;

　　　n——主轴转速,r/min。

表 2-2 和表 2-3 列出了硬质合金车刀车削外圆及端面的进给量和按表面粗糙度选择的进给量,供参考选用。

表 2-2　　　　　　　　　硬质合金车刀车削外圆及端面的进给量

零件材料	车刀杆尺寸 $B×H$/ (mm×mm)	零件直径 d/mm	进给量 f/(mm·r^{-1})				
			背吃刀量 a_p/mm				
			≤3	>3～5	>5～8	>8～12	>12
碳素结构钢、合金结构钢及耐热钢	16×25	20	0.3～0.4	—	—	—	—
		40	0.4～0.5	0.3～0.4	—	—	—
		60	0.5～0.7	0.4～0.6	0.3～0.5	—	—
		100	0.6～0.9	0.5～0.7	0.5～0.6	0.4～0.5	—
		400	0.8～1.2	0.7～1.0	0.6～0.8	0.5～0.6	—
	20×30 25×25	20	0.3～0.4	—	—	—	—
		40	0.4～0.5	0.3～0.4	—	—	—
		60	0.5～0.7	0.5～0.7	0.4～0.6	—	—
		100	0.8～1.0	0.7～0.9	0.5～0.7	0.4～0.7	—
		400	1.2～1.4	1.0～1.2	0.8～1.0	0.6～0.9	0.4～0.6

续表

零件材料	车刀杆尺寸 $B \times H$/(mm×mm)	零件直径 d/mm	进给量 f/(mm·r^{-1}) 背吃刀量 a_p/mm				
			≤3	>3～5	>5～8	>8～12	>12
铸铁及铜合金	16×25	40	0.4～0.5	—	—	—	—
		60	0.5～0.8	0.5～0.8	0.4～0.6	—	—
		100	0.8～1.2	0.7～1.0	0.6～0.8	0.5～0.7	—
		400	1.0～1.4	1.0～1.2	0.8～1.0	0.6～0.8	—
	20×30 25×25	40	0.4～0.5	—	—	—	—
		60	0.5～0.9	0.5～0.8	0.4～0.7	—	—
		100	0.9～1.3	0.8～1.2	0.7～1.0	0.5～0.8	—
		400	1.2～1.8	1.2～1.6	1.0～1.3	0.9～1.1	0.7～0.9

注:①加工断续表面及有冲击的零件时,表内进给量应乘系数 $k=0.75\sim0.85$。
②加工无外皮零件时,表内进给量应乘系数 $k=1.1$。
③加工耐热钢及其合金时,进给量不大于 1 mm/r。
④加工淬硬钢时,进给量应减小。当淬硬钢的硬度为(44～56)HRC 时,$k=0.8$;当淬硬钢的硬度为(57～62)HRC 时,$k=0.5$。

表 2-3　　　　　　　　　按表面粗糙度选择的进给量

零件材料	表面粗糙度 Ra/μm	切削速度 v_c/(m·min^{-1})	进给量 f/(mm·r^{-1}) 背吃刀量 a_p/mm		
			0.5	1.0	2.0
铸铁、青铜、铝合金	5～10	不限	0.25～0.40	0.40～0.50	0.50～0.60
	2.5～5.0		0.15～0.25	0.25～0.40	0.40～0.60
	1.25～2.50		0.10～0.15	0.15～0.20	0.20～0.35
碳素钢及其合金钢	5～10	<50	0.30～0.50	0.45～0.60	0.55～0.70
		≥50	0.40～0.55	0.55～0.65	0.65～0.70
	2.5～5.0	<50	0.18～0.25	0.25～0.30	0.30～0.40
		≥50	0.25～0.30	0.30～0.35	0.30～0.50
	1.25～2.50	<50	0.10	0.11～0.15	0.15～0.22
		50～100	0.11～0.16	0.16～0.25	0.25～0.35
		≥100	0.16～0.20	0.20～0.25	0.25～0.35

注:$a_p=0.5$ mm,用于 12 mm×12 mm 以下的车刀杆;$a_p=1.0$ mm,用于 30 mm×30 mm 以下的车刀杆;$a_p=2.0$ mm,用于 30 mm×45 mm 及以上的车刀杆。

二、程序格式和编程习惯

(一)数控加工程序的一般格式

1. 程序开始符、结束符

程序开始符、结束符是同一个字符,ISO 代码中是％,EIA 代码中是 EP,书写时要单列一段。

2. 程序名

程序名有两种形式:一种由英文字母 O 和 1～4 位正整数组成;另一种由英文字母开

程序格式和编程习惯

头,字母和数字混合组成。程序名一般要求单列一段。

3. 程序主体

程序主体由若干个程序段组成。每个程序段占一行。

4. 程序结束指令

程序结束指令可以用 M02 或 M30,一般要求单列一段。

加工程序的一般格式如下:

程序名	O0031	
程序开始	N10 T0101;	选择刀具和刀补
	N20 M03 S900;	主轴正转,转速为 900 r/min
程序主体	N30 G00 X60 Z0;	刀具快移至加工点附近
	……	
	N100 X100;	
程序结束指令	M02 或 M30	刀具返回起始点
程序结束符	%	

程序由程序段构成。每个程序段中包含的代码的含义如下:

N:程序段地址码,用于指定程序段号。

G:准备功能字代码,G00~G99,共 100 种;分为非模态指令和模态指令。非模态指令只在本程序段内起作用;模态指令一直起作用,直至被本组指令取代为止。

X、Z:坐标轴地址(尺寸数字)。

M:辅助功能指令 M00~M99。

S:主轴转速指令。

%:结束符,其他数控系统还有 LF、* 等。

(二)直径编程方式

在车削加工的数控程序中,X 轴的坐标为零件图样上的直径,如图 2-8 所示。图中 A 点的坐标为(30,80),B 点的坐标为(40,60)。采用直径尺寸编程与零件图样中的尺寸标注一致,这样可避免尺寸换算过程中造成的错误,给编程带来很大方便。

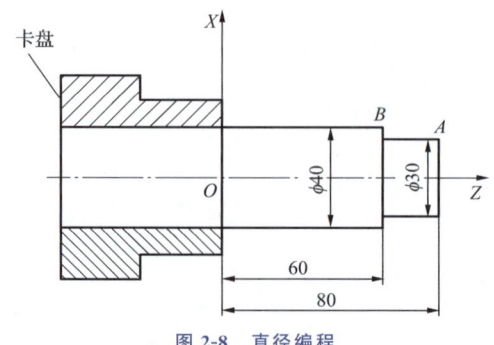

图 2-8 直径编程

(三)进刀和退刀方式

对于车削加工,进刀时采用快速走刀接近零件切削起点附近的某个点,再改用切削进给,以缩短空走刀的时间,提高加工效率。切削起点的确定与零件毛坯余量有关,应以刀具快速移动到该点时刀尖不与零件发生碰撞为原则,如图 2-9 所示。

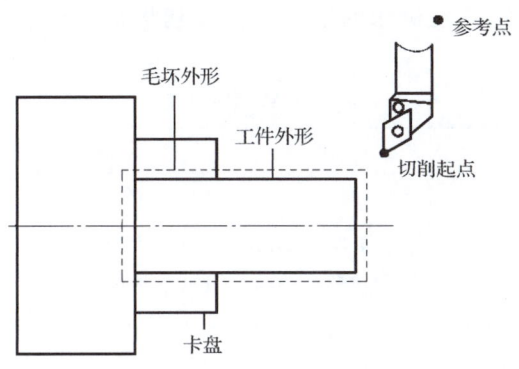

图 2-9 切削起始点的确定

(四)绝对坐标系和增量坐标系

在数控加工程序中,表示几何点的坐标位置有绝对值和增量值两种方式。绝对值是以零件原点为基准来表示坐标位置的。增量值是以相对于前一点位置坐标尺寸的增量来表示坐标位置的。在数控程序中,绝对坐标与增量坐标可单独使用,也可在不同程序段上交叉设置使用,数控车床上还可以在同一程序段中混合使用,使用原则是看哪种方式编程更方便。如图 2-10 所示,从 A 点到 B 点,B 点的绝对坐标是(10,10),而 B 点的增量坐标是(−10,−10)。

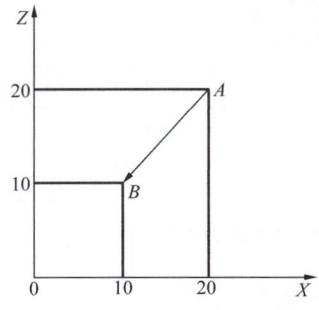

图 2-10 绝对坐标和增量坐标

例如,直线 $A \rightarrow B$,可用:
绝对:G01 X10 Z10;
相对:G01 U−10 W−10;
混用:G01 X10 W−10;
　或:G01 U−10 Z10;

三、M 指令和 F、S、T 指令

（一）M 指令

辅助功能字由 M 地址符及其后面的两位数字组成，也称为 M 功能或 M 指令，用来指定数控机床的辅助动作及其状态。常用的 M 指令功能见表 2-4。

M 指令和 F、S、T 指令

表 2-4　　　　　　　　　　　常用的 M 指令功能

代码	功能	说明	代码	功能	说明
M00	程序停止	单程序段方式有效，非模态	M03	主轴正向转动	模态
M01	选择性停止		M04	主轴反向转动	
M02	程序结束		M05	主轴停止转动	
M30	程序结束并返回起点		M08	冷却液开启	
M98	子程序调用	非模态	M09	冷却液关闭	
M99	子程序结束		M06	换刀指令	非模态

（二）F 指令

F 指令指定进给速度，包括每转进给量（mm/r）和每分钟进给量（mm/min），见表 2-5。

表 2-5　　　　　　　　　　　F 功能进给速度

每转进给量/(mm·r^{-1})	每分钟进给量/(mm·min^{-1})
编程格式 G99 F＿；	编程格式 G98 F＿；
F 后面的数字表示主轴每转进给量	F 后面的数字表示每分钟进给量
例：G99 F0.2 表示进给量为 0.2 mm/r	例：G98 F100 表示进给量为 100 mm/min

（三）S 指令

S 指令用于控制主轴转速，包括最高转速限制、恒线速度控制和恒转速控制指令。

1. 最高转速限制

格式：G50 S＿；

S 后面的数字表示最高转速，单位为 r/min。

例如，G50 S3000 表示最高转速限制为 3 000 r/min。

2. 恒线速度控制

格式：G96 S＿＿；

S 后面的数字表示恒定的线速度，单位为 m/min。

例如，G96 S150 表示切削线速度控制在 150 m/min。

3. 恒转速控制

格式：G97 S＿＿；

S 后面的数字表示主轴转速，单位为 r/min。

（四）T 指令

T 指令用来指定程序中使用的刀具。

编程格式：T××××，前两位数字表示刀具号，后两位数字表示刀具补偿号。

例如，T0101 表示选择 1 号刀具，用 1 号刀具补偿。

刀具补偿包括长度补偿和半径补偿两部分。

四、G 指令

（一）快速定位指令 G00

快速点定位指令控制刀具以点位控制的方式快速移动到目标点，其移动速度由参数来设定。

格式：G00 X(U)＿＿ Z(W)＿＿；

说明：

G00 指令是模态指令，其中 X(U)、Z(W) 是目标点的坐标。

车削时快速定位目标点不能直接选在零件上，一般要离开零件表面 1～2 mm。

如图 2-11 所示，从起点 $A(20,20)$ 快速运动到目标点 $B(60,100)$，其绝对坐标编程为：G00 X60 Z100；

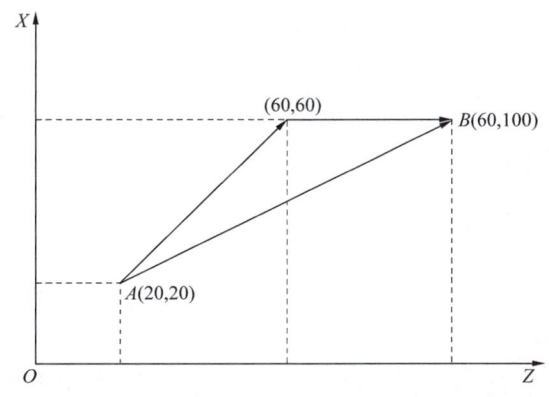

图 2-11　快速定位

其增量坐标编程为：G00 U40 W80；

执行上述程序段时，刀具实际的运动路线不是直线，而是折线，首先刀具以快速进给速度移动到点 (60,60)，然后再移动到点 (60,100)，所以使用 G00 指令时要注意刀具是否和零件及夹具发生干涉,忽略这一点,就容易发生碰撞,而在快速状态下的碰撞会更加危险。

(二)直线插补指令 G01

格式:G01 X(U)__ Z(W)__ F __;

说明:

(1)G01 指令使刀具从当前点出发,在两坐标间以插补联动方式按指定的进给速度直线移动到目标点,G01 指令是模态指令。

(2)进给速度由 F 指定。F 指令也是模态指令,可以用 G00 指令取消。在 G01 程序段中或之前必须含有 F 指令。

例如,如图 2-12 所示,选右端面 O 为编程原点,绝对坐标编程为

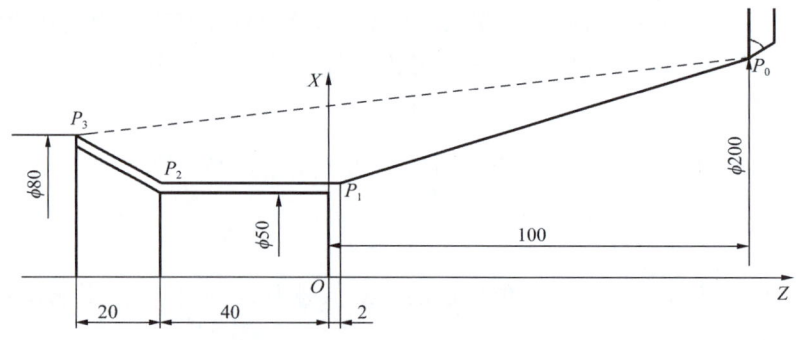

图 2-12 直线插补

```
……
G00 X50 Z2；              P₀ 到 P₁
G01 Z-40 F80；            刀具从 P₁ 点按 F 值移动到 P₂ 点
X80 Z-60；                P₂ 到 P₃
G00 X200 Z100；           P₃ 到 P₀
……
```

增量坐标编程为
```
……
G00 U-150 W-98；
G01 W-42 F80；
U30 W-20；
G00 U120 W160；
……
```

(三)倒角、倒圆功能指令 G01

G01 倒角控制功能,可以在两相邻轨迹的程序段之间插入直线倒角或圆弧倒角,如图 2-13 所示。

倒角:G01 X(U)__ Z(W)__ C __;

倒圆:G01 X(U)__ Z(W)__ R __;

说明:

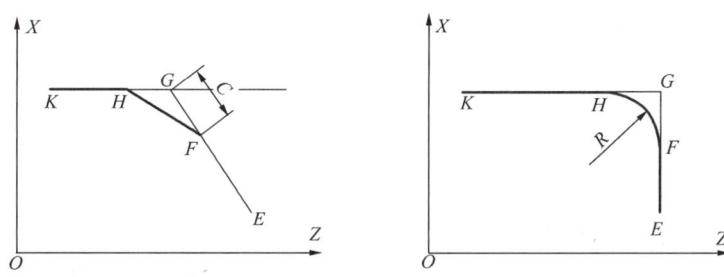

图 2-13 倒角和倒圆

X、Z：表示在绝对坐标编程时，两相邻直线的交点，即假想拐角交点 G 的坐标值；U、W 值为在增量坐标编程时，假想拐角交点 G 相对于直线轨迹起始点 E 的距离；C 值是假想拐角交点 G 相对于倒角起始点 F 的距离；R 值是倒圆的圆弧半径。

（四）圆弧插补指令 G02、G03

1. 顺时针圆弧和逆时针圆弧方向的判断

G02、G03 指令用于指定圆弧插补。其中，G02 表示顺时针圆弧（简称顺圆弧）插补；G03 表示逆时针圆弧（简称逆圆弧）插补。圆弧插补的顺、逆方向的判断方法：沿垂直于圆弧所在平面（如 ZOX 平面）的另一坐标轴（如 Y 轴）的负方向看，其顺时针方向圆弧为 G02，逆时针方向圆弧为 G03。在判断车削加工中各圆弧的顺、逆方向时，要注意刀架的位置及 Y 轴的方向，如图 2-14 所示。

2. 指定圆心方式的圆弧插补编程

格式：G02 X(U)＿ Z(W)＿ I＿ K＿ F＿；
　　　G03 X(U)＿ Z(W)＿ I＿ K＿ F＿；

如图 2-15 所示，参数说明如下：

X、Z：绝对编程时，圆弧终点的坐标。

U、W：增量编程时，圆弧终点相对于起始点的位移量。

I、K：圆心在 X、Z 轴方向上相对圆弧起点的坐标增量（用半径值表示），即圆心坐标值减去圆弧起点的坐标值，I、K 为零时可以省略。

K：圆弧起点到圆弧圆心矢量值在 X、Z 方向的投影值。

F：进给速度。

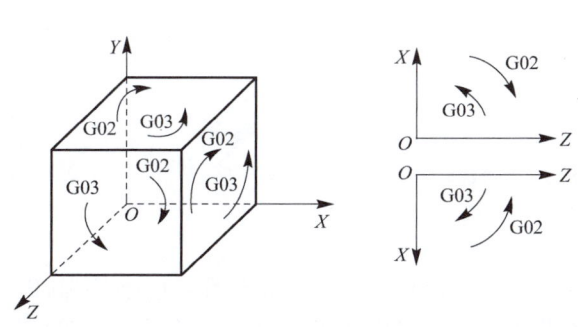

图 2-14 圆弧的顺、逆方向

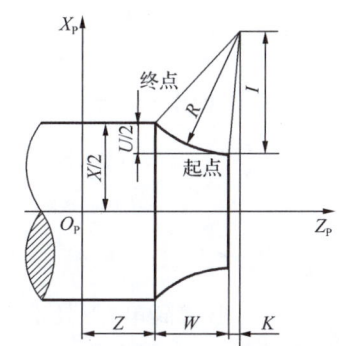

图 2-15 圆弧绝对坐标、相对坐标

3. 指定半径的圆弧插补编程

格式:G02 X(U)__ Z(W)__ R__ F__;
　　　G03 X(U)__ Z(W)__ R__ F__;

说明:

X、Z:绝对编程时,圆弧终点的坐标。

U、W:增量编程时,圆弧终点相对于起点的位移量。

R:圆弧半径,当圆弧所对圆心角为 0°～180° 时,R 取正值;当圆心角为 180°～360° 时,R 取负值;

F:进给速度。

> **注意**
> 用 R 方式编程只适用于非整圆的圆弧插补,不适用于整圆加工;若在程序中同时出现 I、K 和 R 时,以 R 优先,I、K 无效。

4. 编程说明

(1)顺时针圆弧插补,如图 2-16(a)所示。

绝对坐标,直径编程:G02 X50 Z30 I25 F0.3;
　　　　　　　　　G02 X50 Z30 R25 F0.3;

相对坐标,直径编程:G02 U20 W−20 I25 F0.3;
　　　　　　　　　G02 U20 W−20 R25 F0.3;

(2)逆时针圆弧插补,如图 2-16(b)所示。

绝对坐标,直径编程:G03 X87.98 Z50 I−30 K−40 F0.3;

相对坐标,直径编程:G03 U37.98 W−30 I−30 K−40 F0.3;

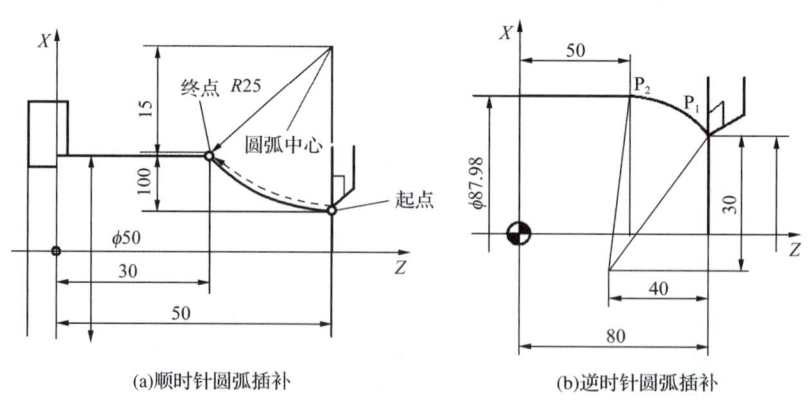

图 2-16　圆弧插补

(五)单一固定循环指令 G90、G94

加工几何形状简单、刀具走刀路线单一的零件,可采用单一固定循环指令编程,即只需用一条指令、一个程序段完成刀具的多步动作。固定循环指令中刀具的运动分四步:进刀、切削、退刀和返回。本项目的柱体外轮廓形状简单,适合用单一固定循环指令。

1. 外圆切削循环指令 G90

格式：G90 X(U)＿ Z(W)＿ R＿ F＿；

说明：

X、Z：切削终点坐标。

U、W：切削终点相对循环起点的坐标增量。

R：切削始点与切削终点在 X 轴方向的坐标增量（半径值），外圆切削循环时 R 为零，可省略。

F：进给速度。

指令功能：实现外圆切削循环和锥面切削循环。

例如，刀具从循环起点按图 2-17 与图 2-18 所示走刀路线，最后返回到循环起点，图中虚线表示按 R 快速移动，实线表示按 F 指定的进给速度移动。

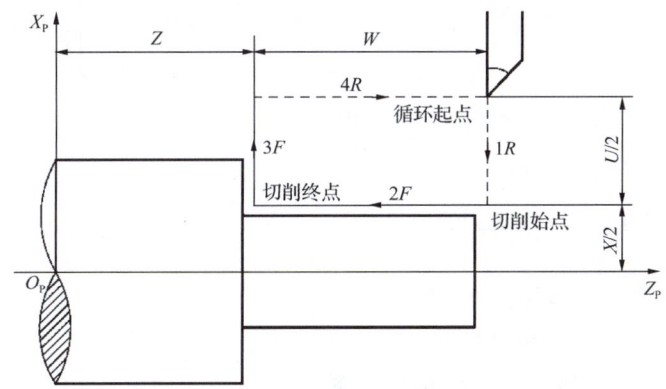

图 2-17　外圆切削循环

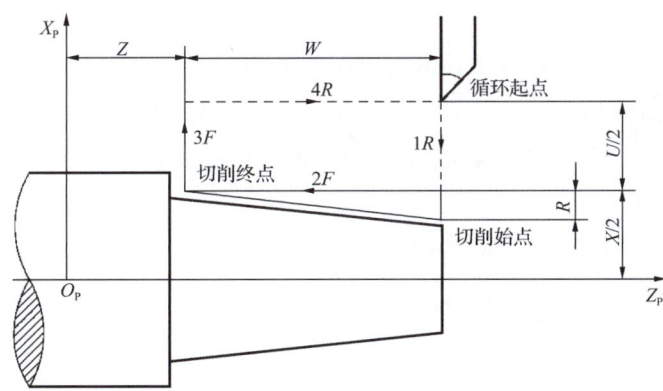

图 2-18　锥面切削循环

例如，如图 2-19 所示，运用外圆切削循环指令编程如下：

G90 X40 Z20 F30；　　　　　　A→B→C→D→A

X30；　　　　　　　　　　　　A→E→F→D→A

X20；　　　　　　　　　　　　A→G→H→D→A

例如,如图 2-20 所示,运用锥面切削循环指令编程如下:

G90 X40 Z20 R－5 F30;　　　　$A \to B \to C \to D \to A$

X30;　　　　　　　　　　　　$A \to E \to F \to D \to A$

X20;　　　　　　　　　　　　$A \to G \to H \to D \to A$

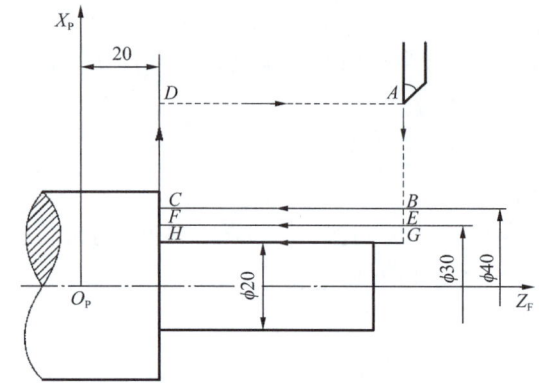

图 2-19　外圆切削循环例题　　　　图 2-20　锥面切削循环例题

2. 端面切削循环指令 G94

格式:G94 X(U)__ Z(W)__ R __ F __;

说明:

X、Z:端面切削终点坐标。

U、W:端面切削终点相对循环起点的坐标增量。

R:端面切削始点至切削终点位移在 Z 轴方向的坐标增量,端面切削循环时 R 为零,可省略。

F:进给速度。

指令功能:实现端面切削循环和带锥度的端面切削循环。

例如,刀具从循环起点,按图 2-21 与图 2-22 所示路线走刀,最后返回到循环起点,图中虚线表示按 R 快速移动,实线表示按 F 指定的进给速度移动。

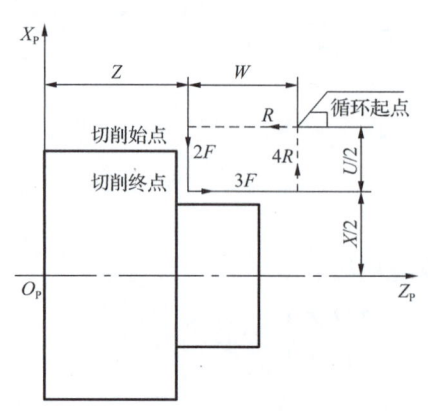
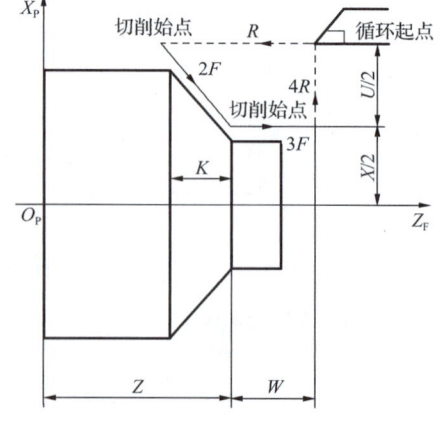

图 2-21　端面切削循环　　　　图 2-22　带锥度的端面切削循环

例如,如图 2-23 所示,运用端面切削循环指令编程,内容如下:
G94 X20 Z16 F30;   A→B→C→D→A
Z13;   A→E→F→D→A
Z10;   A→G→H→D→A

例如,如图 2-24 所示,运用带锥度端面切削循环指令编程,内容如下:
G94 X20 Z34 R－4 F30;   A→B→C→D→A
Z32;   A→E→F→D→A
Z29;   A→G→H→D→A

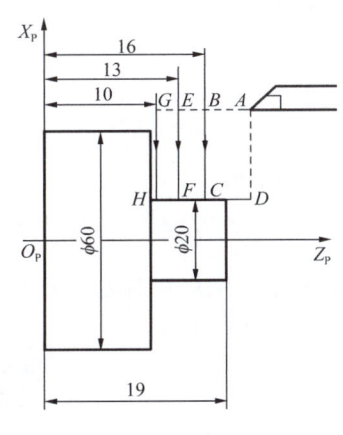
图 2-23 端面切削循环

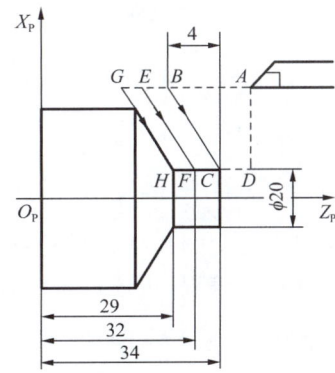
图 2-24 带锥度的端面切削循环

五、刀具位置补偿

刀具位置补偿主要包括刀具的几何补偿和磨损补偿,如图 2-25 所示。刀具几何补偿是补偿刀具形状和刀具安装位置与编程时理想刀具或基准刀具的偏移量;刀具磨损补偿是用于补偿当刀具使用磨损后刀具头部与原始尺寸的误差。这些补偿数据通常是通过对刀采集的,然后将这些数据准确地储存到存储器中,并通过程序中的刀补指令来调用并执行。

刀补指令用 T 指令表示。常用 T 指令格式为 T××××,即 T 后可跟 4 位数,其中前两位表示刀具号,后两位表示刀具补偿号。当补偿号为 0 或 00 时,表示不进行补偿或取消刀具补偿。

若设定刀具几何补偿和磨损补偿同时有效,则刀补量是两者的矢量和。若使用基准刀具,则其几何补偿为零,刀具位置补偿只有磨损补偿。如图 2-25 所示,在按基准刀尖编程的情况下,当还没有磨损补偿时,则只有几何补偿,$\Delta X = X_j$,$\Delta Z = \Delta Z_j$;批量加工过程中出现刀具磨损后,则 $\Delta X = X_j + X_m$,$\Delta Z = \Delta Z_j + \Delta Z_m$;而当以刀架中心作为参照点进行编程时,每把刀具的几何补偿便是其刀尖相对于刀架中心的偏置量。因而,第一把车刀: $\Delta X = \Delta X_1$,$\Delta Z = \Delta Z_1$;第二把车刀:$\Delta X = \Delta X_2$,$\Delta Z = \Delta Z_2$。

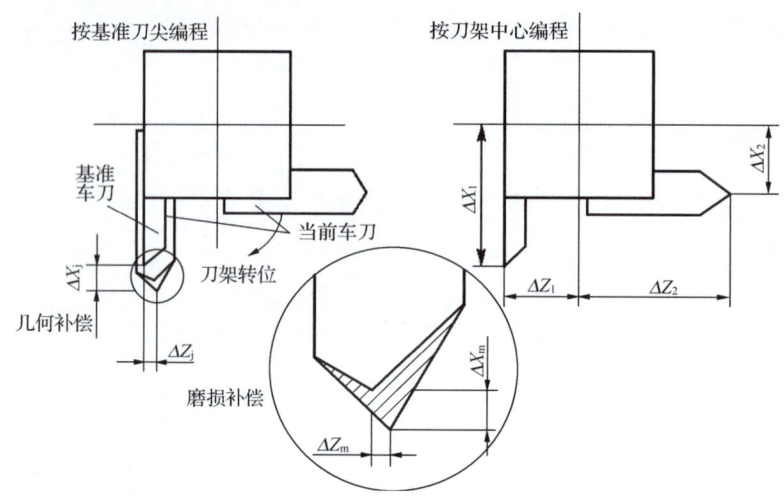

图 2-25 刀具的几何补偿和磨损补偿

六、刀尖圆弧半径补偿指令 G41、G42、G40

数控车床提供刀尖圆弧半径自动补偿功能(以下简称刀尖 R 补偿),该功能让操作者只要按零件轮廓尺寸编程,再通过系统补偿一个刀尖半径值即可。

(一)进行刀尖半径补偿的原因

1. 刀尖半径和假想刀尖

(1)刀尖半径

刀尖半径指车刀刀尖部分为圆弧构成假想圆的半径值,一般车刀均有刀尖半径。当用于车外圆或端面时,刀尖圆弧的大小并不起作用;当用于车倒角、锥面或圆弧时,刀尖圆弧会影响精度。因此在编制数控车削程序时,必须予以考虑,如图 2-26 所示。

图 2-26 刀尖半径与假想刀尖

(2)假想刀尖

假想刀尖实际上是一个不存在的点,如图 2-26(b)所示的 A 点,被称为假想刀尖。之所以提出假想刀尖,是因为把实际刀尖的中心对准加工起点或某个基准位置是很困难的,而用假想刀尖的方法就变得容易了。

编程时按假想刀尖轨迹编程,而实际刀尖圆弧在切削零件时会造成图 2-27 所示的欠切或过切现象。

若零件要求不高或留有精加工余量,图 2-27 所示误差可以忽略,否则必须考虑刀尖圆弧对零件形状的影响。采用刀尖圆弧半径补偿功能后,按假想刀尖轨迹(零件轮廓形状)编程,数控系统会自动计算刀尖圆心的轨迹,并按刀尖圆心轨迹运动,从而消除刀尖圆

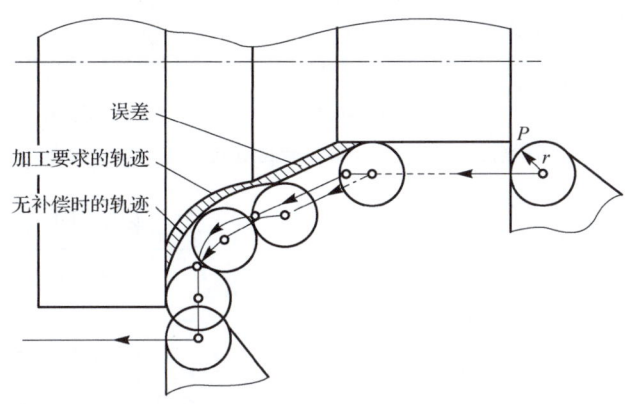

图 2-27 刀尖圆弧半径补偿的轨迹

弧对零件形状的影响。

车削端面和内、外圆柱面时不需要补偿;车削锥面和圆弧面时,实际切削点与假想刀尖之间在 X、Z 轴方向都存在位置偏差,所以要采用刀尖圆弧半径补偿指令。

2. 刀尖圆弧半径补偿的应用

(1)具有刀尖圆弧半径补偿功能的车床,编程时不需要计算刀尖圆弧中心轨迹,只按零件轮廓编程即可。

(2)执行刀尖圆弧半径补偿指令后,数控系统自动计算刀具中心轨迹并按此轨迹运动。

(3)当刀具磨损或重磨时,只需更改半径补偿值,不必修改程序。

(4)用同一把车刀进行粗、精加工,可用刀尖圆弧半径补偿功能实现。

(5)刀尖圆弧半径补偿值可通过手动输入,从控制面板上输入到补偿表。

(二)实现补偿的方法

1. 刀尖方位的设置

在进行刀尖圆弧半径补偿时,假想刀尖相对于圆弧中心的方位与刀具移动的方向有关,将车刀形状和假想刀尖方位归为八种,如图 2-28 所示。注意:前置刀架和后置刀架的区别。

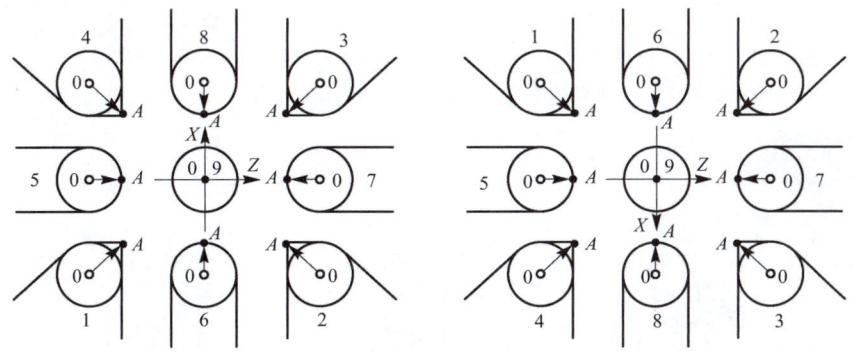

图 2-28 刀尖方位号

2. 建立刀尖圆弧半径补偿指令 G41、G42

格式:$\begin{Bmatrix} G41 \\ G42 \end{Bmatrix} \begin{Bmatrix} G00 \\ G01 \end{Bmatrix} X\_\_ Z\_\_ ;$

如图 2-29 所示,参数说明如下:
X、Z:建立刀尖圆弧半径补偿的终点坐标。
G41 刀尖圆弧半径左补偿:沿着刀具进给方向看,刀具位于零件轮廓左侧。
G42 刀尖圆弧半径右补偿:沿着刀具进给方向看,刀具位于零件轮廓右侧。

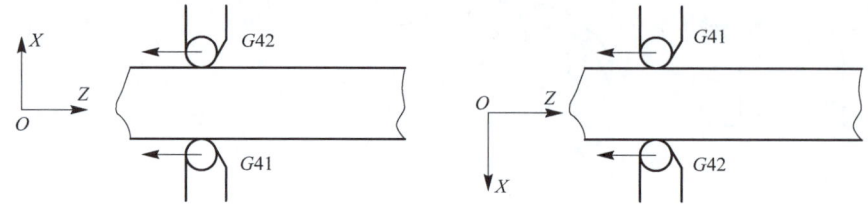

图 2-29　刀尖半径左补偿和右补偿

3. 取消刀尖圆弧半径补偿指令 G40

格式:G40 G00(G01) X__ Z__;

说明:X、Z:表示取消刀尖圆弧半径补偿点的坐标。

4. 刀尖圆弧半径补偿的编程

刀尖圆弧半径补偿的编程分为三个步骤:刀尖圆弧半径补偿的引入、进行和取消。其建立过程如图 2-30 所示。

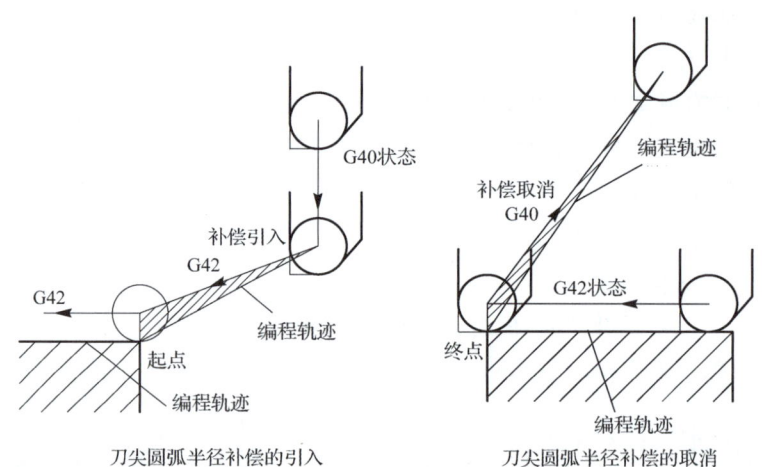

图 2-30　刀尖圆弧半径补偿的建立过程

任务执行

齿轮轴的粗加工走刀路线和参考程序

齿轮轴的精加工走刀路线和参考程序

齿轮轴的加工

一、编制工艺文件

图 2-1 所示零件图结构简单,是学生接触的第一个加工零件。通过对外轮廓和端面的加工,帮助学生掌握最基本的数控程序的编制和数控操作。数控加工工序卡见表 2-6,数控加工刀具卡见表 2-7。

表 2-6   数控加工工序卡

(厂名)		零件名称		齿轮轴		零件号		
数控加工工序卡片		材料		45 钢		程序号		
		夹具名称		三爪卡盘		使用设备		FANUC 0i 车床
工序号	1	编制				车间		数控车间
工步号	工步内容	刀具		切削用量			量具	
		编号	名称	主轴转速 $n/(\text{r}\cdot\text{min}^{-1})$	进给量 $f/(\text{mm}\cdot\text{r}^{-1})$	背吃刀量 a_p/mm	编号	名称
1	车端面	T01	外圆粗车刀	800	0.3	2	1	游标卡尺
2	粗车外圆	T01	外圆粗车刀	800	0.3	2	1	游标卡尺
3	精车外圆	T02	外圆精车刀	1 200	0.15	0.5	2	千分尺
4	切断加工	T03	切断刀	300	0.06		1	游标卡尺
安装号		加工工步安装简图			刀具简图		完成内容	
1							将零件伸出 60 mm,安装在三爪卡盘上	
2							外圆粗加工	
3							外圆精加工	

续表

安装号	加工工步安装简图	刀具简图	完成内容
4	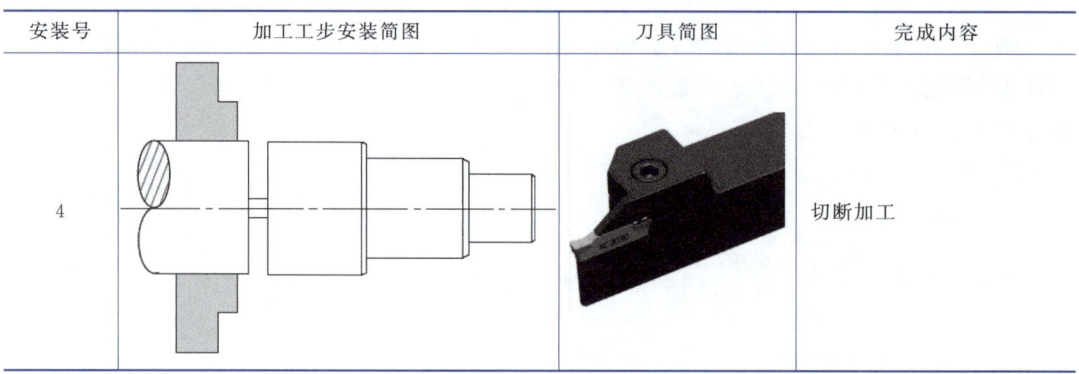		切断加工

表 2-7   数控加工刀具卡

（厂名）		零件名称	齿轮轴	零件号		
数控加工刀具卡片		程序号		编制		
序号	刀具号	刀片规格	刀具尺寸		补偿地址	
			刀尖半径/mm	刀杆规格/(mm×mm)	半径	形状
1	T01	外圆粗车刀(刀尖角为 80°)	0.4	20×20		♯0001
2	T02	外圆精车刀(刀尖角为 35°)	0.2	20×20		♯0002
3	T03	切断刀(3 mm 宽)	0.2	20×20		♯0002

二、编写加工程序

(1) 车削端面(FANUC 0i 系统)参考程序见表 2-8。

表 2-8   车削端面(FANUC 0i 系统)参考程序

程序	说明
O0201	程序号
N10 T0101;	刀具选择
N20 M04 S800;	主轴正转,转速为 800 r/min
N30 G00 X60 Z0;	刀具快速移动至 X60、Z0 点
N40 G01 X-1 F0.3;	切削右端面至 X-1 点
N50 G00 Z2;	刀具退出至 Z=2 mm
N60 X100;	刀具退出至 X=100 mm
N70 M05;	主轴停转
N80 M30;	主程序结束并返回程序头

对于车削加工,一般先车端面,有利于确定长度方向的尺寸。对于铸件,应先倒角,以避免刀尖与不均匀外圆表面接触,造成刀尖损坏。若毛坯余量大,则需用 45°端面刀粗加工;余量很小的精车可以采用 90°右偏刀加工;对于精度要求较高的铸件加工,应分粗车、半精车、精车几个加工阶段进行。

在车削右端面时,为减少换刀次数,方便对刀,车小余量(1~2 mm)端面时,一般采用90°右偏刀,且刀尖要与主轴中心等高,否则将在端面中心处产生小凸台或将刀尖损坏。

对于数控车削来说,由于对刀时需车削加工且刀架上的刀位有限,因此,端面一般用手动车削,编程时可以不编制端面程序。

(2)车削外圆(FANUC 0i 系统)参考程序见表2-9。

表2-9　　　　　　　　车削外圆(FANUC 0i 系统)参考程序

程序	说明
T0101;	换外圆粗车刀
G00 X100 Z100;	快速返回到换刀点
M03 S800;	主轴正转,转速为 800 r/min
X50 Z5;	快速走刀至循环切削起点
G90 X40.5 Z−85 F0.3;	圆柱面切削循环粗车 ϕ40.5 mm 外圆,留 0.5 mm 精加工余量
G90 X35.5 Z−85 F0.3;	圆柱面切削循环粗车 ϕ35.5 mm 外圆
G90 X30.5 Z−52 F0.3;	圆柱面切削循环粗车 ϕ30.5 mm 外圆,留 0.5 mm 精加工余量
G90 X25.5 Z−21 F0.3;	圆柱面切削循环粗车 ϕ25.5 mm 外圆
G90 X20.5 Z−21 F0.3;	圆柱面切削循环粗车 ϕ20.5 mm 外圆,留 0.5 mm 精加工余量
G00 X100 Z100;	快速返回到换刀点
M05;	主轴停止
T0202;	换精加工刀具,调用 2 号刀补
M03 S1200;	主轴正转,转速提高到 1 200 r/min
G00 X18 Z5;	快速移至精车起点(18,5)的位置,准备开始精加工
G01 Z0 F0.15;	刀具以切削速度移动到(18,0)点
G01 X20 Z−1 F0.15;	倒角
G01 Z−20;	车削 ϕ20 mm 圆柱面
G01 X28;	准备倒角
G01 X30 W−1;	倒角
G01 Z−51;	车削 ϕ30 mm 圆柱面
G01 X38;	准备倒角
G01 X40 W−1;	倒角
G01 Z−85;	车削 ϕ40 mm 圆柱面
G01 X50;	退刀
G00 X100 Z100;	快速返回到换刀点
M05;	主轴停止
M30;	程序结束

车削阶梯轴时,首先应车削直径较大的一端,以免过早地降低零件的刚性,在车削时不能采用45°外圆车刀,左向台阶和零件外圆只能用90°右偏刀。90°右偏刀也适用于车削直径较大和长度较小的零件端面。

若零件过长,则应采用一夹一顶的装夹方式,这种方式在编程退刀时,应注意刀具不能与尾座相撞。

精车后,若直径尺寸波动幅度超过图示的公差要求,则需要查找原因。若直径尺寸均增大或减小同一数值,可以判断是对刀点位置调整问题。若直径尺寸参差不齐,则应从机械、电控、刀具等多方面查找原因。若表面粗糙度值达不到要求,则应从刀具刃磨和切削用量选择两个方面查找原因。

拓展训练

1. 用单一固定循环指令编程加工图 2-31 所示的零件。零件原点已给出,自行设定起刀点位置,用一把外圆车刀进行粗、精车削,试编程并上机运行。

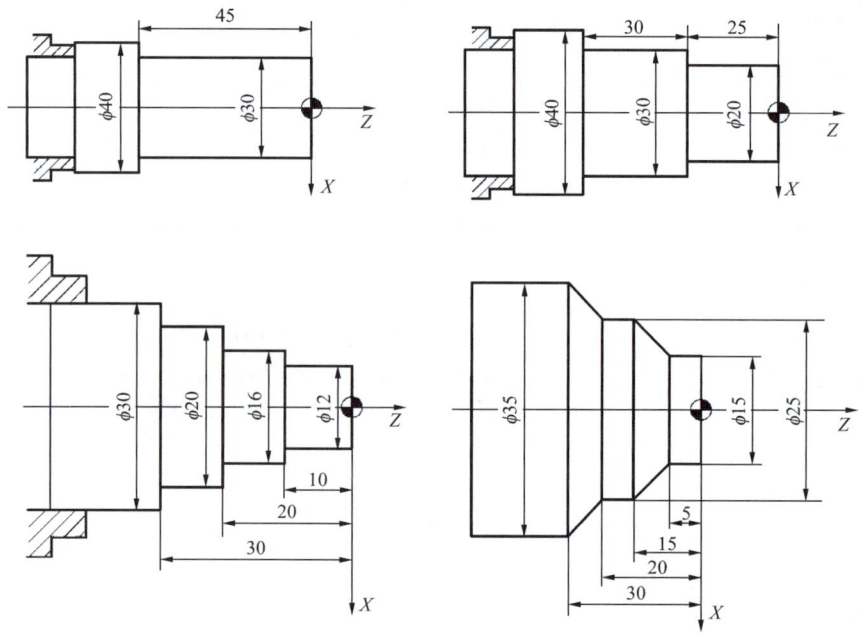

图 2-31 题 1 图

2. 阅读和分析图 2-32,要求学生在数控车床上对其进行编程加工。通过对该零件的加工,掌握圆锥尺寸计算及圆弧分层切削的加工路线。

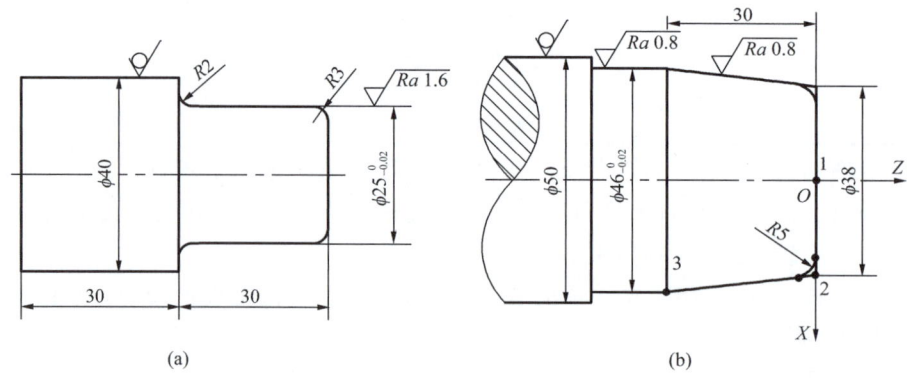

图 2-32 题 2 图

项目 3
复杂轮廓轴加工

◆ **学习目标**

知识目标

掌握G71、G72、G73复合循环指令格式、参数和用途。
掌握零件公差的保证方法。
掌握左、右端接刀位置的处理方法。

能力目标

能根据零件轮廓合理选择编程指令。
能对复杂轮廓制定合理的工艺。
能在数控车床上完成复杂轮廓的加工。

素质目标

培养吃苦耐劳、精益求精、严谨专注的精神。
具有质量意识、安全和环保意识。
培养团结友爱、互相帮助的团队合作精神。

加工任务

圆锥加工和圆弧加工是机械加工的一个课题。如果锥度或圆弧精度要求较高,如何能够保证精度,是加工中一个比较难的问题。但是在数控车床上,用 G01 和 G02/G03 指令即可完成加工。

在项目 2 的编程中,仅使用 G00、G01、G02/G03 指令编程有些烦琐,本项目介绍数控编程灵巧的指令——循环指令。循环指令的格式、代码、注意事项等有着严格的规定,不可随意更改,必须按照每个循环指令的要求进行编程。

某厂需要加工小批量子弹头,如图 3-1 所示。毛坯材料为 45 钢。任务完成后提交成品件和工艺文件。

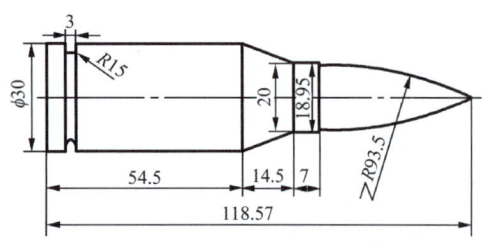

技术要求
1. 不允许使用纱布或锉刀修正表面。
2. 未注倒角为 C0.5。
3. 未标注公差为 ±0.07。

$\sqrt{Ra\ 3.2}\ (\sqrt{\ })$

图 3-1 子弹头零件图

子弹头的工艺
分析和编程

G70、G71 指令加工子弹头

知识准备

针对形状较复杂的零件,FANUC 0i 系统有一组 G 指令,编程时只需指定精加工路线、径向和轴向精车加工余量及粗加工背吃刀量,系统就会自动计算出粗加工路线和加工次数,因此编程效率较高。

在这组指令中,G71、G72、G73 是粗车加工指令,G70 是 G71、G72、G73 粗加工后的精加工指令,G74 是深孔钻削固定循环指令,G75 是切槽固定循环指令,G76 是螺纹加工固定循环指令。

一、外圆粗加工复合循环指令 G71

G71 指令只需指定粗加工背吃刀量、退刀量、精加工余量、精加工路线,系统便能自动给出粗加工路线和加工次数,完成粗加工。

格式:G71 UΔd Re;
　　　G71 Pns Qnf UΔu WΔw Ff Ss Tt;

功能:切除棒料毛坯大部分加工余量,切削沿平行于 Z 轴方向进行,如图 3-2 所示。A 为循环起点,A→A'→B 为精加工路线。

说明:

Δd:每次切削深度(半径值),无正负号;

内、外径粗、精车循环
指令 G71、G70

e：退刀量（半径值），无正负号；
ns：精加工路线第一个程序段的顺序号；
nf：精加工路线最后一个程序段的顺序号；
Δu：X 轴方向的精加工余量，直径值；镗内孔时为负；
Δw：Z 轴方向的精加工余量。

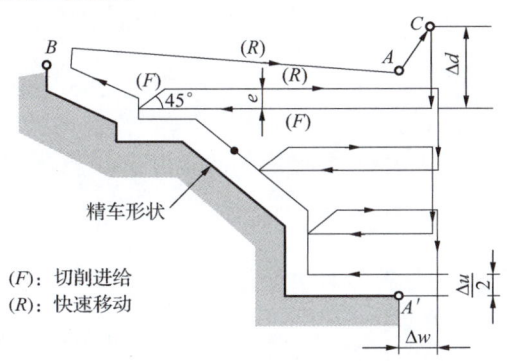

图 3-2　外圆粗加工复合循环 1

例如，运用外圆粗加工循环指令编程加工图 3-3 所示零件。

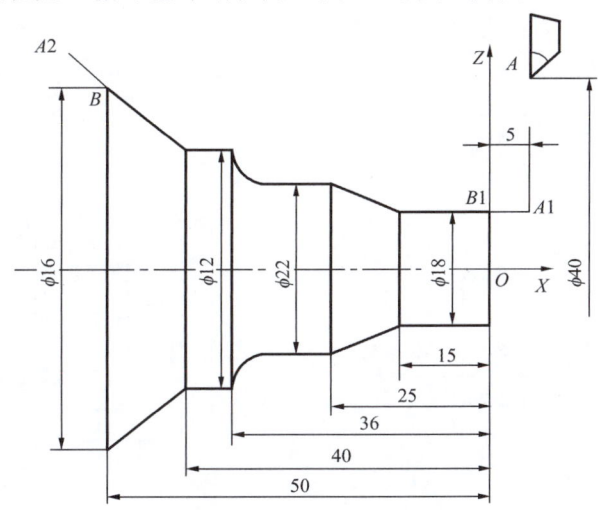

图 3-3　外圆粗加工复合循环 2

参考程序（FANUC 0i 系统）如下：
……
G00 X40 Z5 M03；
G71 U1 R0.5；
G71 P100 Q200 X0.5 Z0.1 F0.3；
N100 G00 X18 Z5；
G01 X18 Z−15 F0.15；
X22 Z−25；
X22 Z−31；
G02 X32 Z−36 R5；
G01 X32 Z−40；

N200 G01 X36 Z-50；

......

二、端面粗加工复合循环指令 G72

端面粗加工复合循环指令 G72 与外圆粗加工复合循环指令 G71 均为粗加工复合循环指令，其区别仅在于 G72 的切削方向平行于 X 轴，而 G71 是沿着平行于 Z 轴的方向进行切削循环加工的。

格式：G72 WΔd Re；
　　　G72 Pns Qnf UΔu WΔw Ff Ss Tt；

功能：除切削是沿平行于 X 轴方向进行外，该指令功能与 G71 相同，如图 3-4 所示。

端面粗车复合循环指令 G72

说明：
Δd：Z 轴方向背吃刀量，不带符号且为模态值；
e：退刀量（半径值），无正负号；
ns：精加工路线第一个程序段的顺序号；
nf：精加工路线最后一个程序段的顺序号；
Δu：X 轴方向的精加工余量（直径值）；
Δw：Z 轴方向的精加工余量。

例如，运用端面粗加工复合循环指令编程加工图 3-5 所示零件。

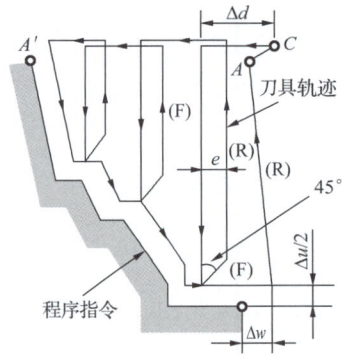

图 3-4　端面粗加工复合循环 1

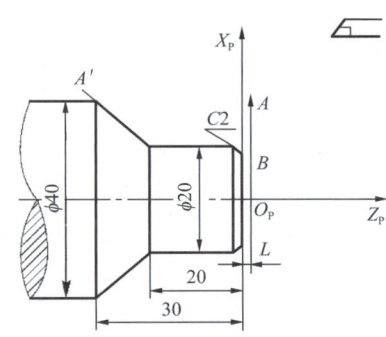

图 3-5　端面粗加工复合循环 2

参考程序（FANUC 0i 系统）如下：
......
N020 G00 X41 Z1；
N030 G72 W1 R1；
N040 G72 P50 Q80 U0.1 W0.2 F100；
N050 G00 X41 Z-31；
N060 G01 X20 Z-20；
N070 Z-2；
N080 X14 Z1；
......

在 FANUC 系统的 G72 循环指令中，ns 所在程序段必须沿 Z 轴方向进刀，且 X 轴方向不能运动，否则会出现程序报警。

三、固定形状切削复合循环指令 G73

所谓封闭切削循环,就是按照一定的切削轨迹形状逐渐地接近最终形状。利用该循环,可以按同一轨迹重复切削。切削刀具每向前移动一次,用这种循环可对锻造和铸造等前加工做成的有基本形状的毛坯或已粗车成形的零件进行切削。G73 指令适合加工铸造、锻造成形的零件。

格式:G73 UΔi WΔk Rd;
　　　G73 Pns Qnf UΔu WΔw Ff Ss Tt;

说明:

Δi:X 轴方向总退刀量(半径值);

Δk:Z 轴方向总退刀量;

d:分层次数(粗车重复加工次数);

ns:精加工路线第一个程序段的顺序号;

nf:精加工路线最后一个程序段的顺序号;

Δu:X 轴方向的精加工余量(直径值);

Δw:Z 轴方向的精加工余量。

固定形状切削复合
循环指令 G73

(1)固定形状切削复合循环指令的特点如下:

①刀具轨迹平行于零件的轮廓,故适合加工铸造和锻造成形的坯料。

②背吃刀量分别通过 X 轴方向总退刀量 Δi 和 Z 轴方向总退刀量 Δk 除以循环次数 d 求得。

(2)Δi 与 Δk 的设定与零件的切削深度有关。

使用固定形状切削复合循环指令,首先要确定换刀点、循环点 A、切削始点 A_1 和切削终点 B 的坐标位置。如图 3-6 所示,A 点为循环点,$A_1 \to B$ 是零件的轮廓线,$A \to A_1 \to B$ 为刀具的精加工路线,粗加工时刀具从 A 点后退至 C 点,后退距离分别为 $\Delta i + \Delta u/2$,$\Delta k + \Delta w$,这样粗加工循环之后自动留出精加工余量 $\Delta u/2$、Δw。

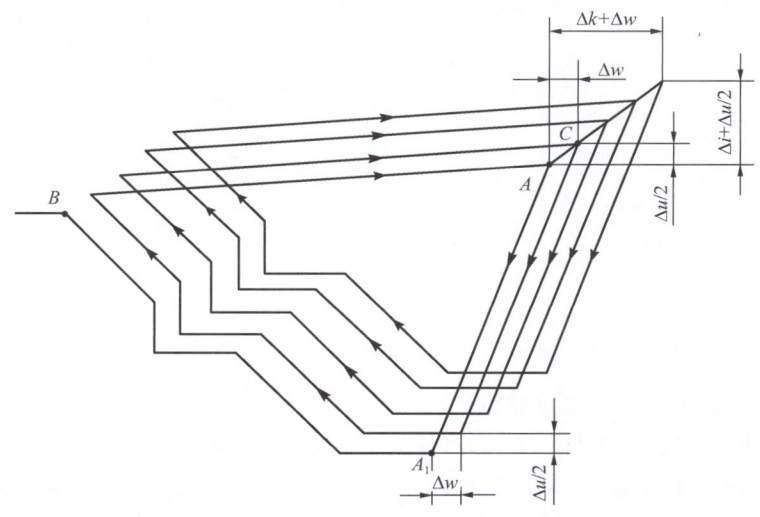

图 3-6　固定形状切削复合循环

（3）ns 至 nf 之间的程序段描述刀具切削加工的路线。

例如，运用固定形状切削复合循环指令编程加工图 3-7 所示的零件。

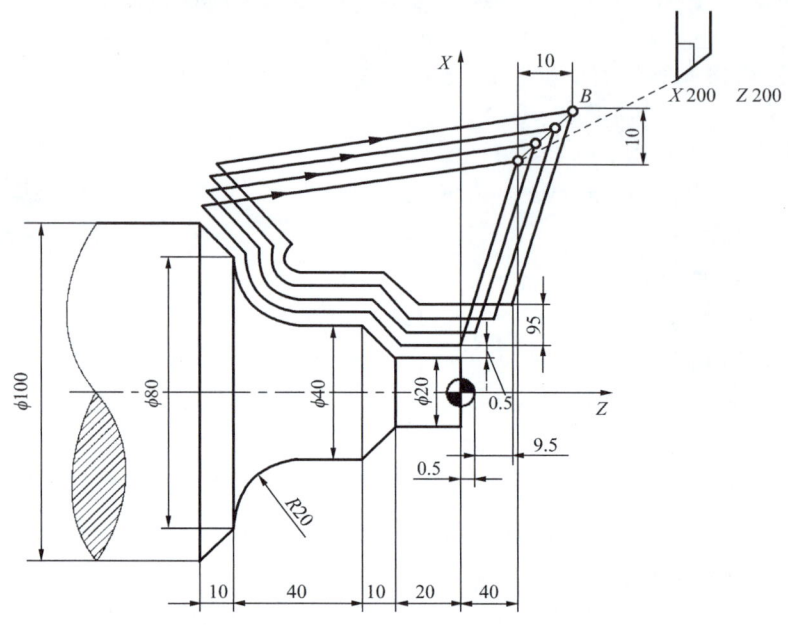

图 3-7　固定形状切削复合循环举例

参考程序（FANUC 0i 系统）如下：

……

N10 T0101；

N20 M04 S800；

N40 G42 G00 X140 Z40 M08；

N50 G73 U10 W10 R3；

N60 G73 P70 Q130 U1 W0.5 F0.3；

N70 G00 X20 Z0；

N80 G01 Z－20 F0.15；

N90 X40 Z－30；

N100 Z－50；

N110 G02 X80 Z－70 R20；

N120 G01 X100 Z－80；

N130 X105；

N140 G40 G00 X200 Z200；

……

G73 指令主要用于车削固定轨迹的轮廓。这种复合循环可以高效地切削铸造成形、锻造成形或已粗车成形的零件。对不具备类似成形条件的零件，可先采用 G71 指令，若直接采用 G73 指令进行编程与加工，反而会增加刀具在切削过程中的空行程，而且也不方便计算粗车余量。

四、精车复合循环指令 G70

格式:G70 Pns Qnf;

功能:用 G71、G72、G73 指令粗加工完毕后,可用精加工循环指令进行精加工。

说明:

ns:指定精加工路线第一个程序段的顺序号;

nf:指定精加工路线最后一个程序段的顺序号。

G70~G73 指令调用 ns 至 nf 的程序段,被调用的程序段中不能调用子程序。

执行 G70 循环时,刀具沿零件的实际轨迹进行切削,循环结束后刀具返回循环起点。G70 指令用在 G71、G72、G73 指令的程序内容之后,不能单独使用。在含 G71、G72 或 G73 的程序段中指令的地址 F、S 对 G70 的程序段无效。而在顺序号 ns 到 nf 指令的地址 F、S 对 G70 的程序段有效。加工余量具有方向性,外圆的加工余量为正,内孔的加工余量为负。

任务执行

一、编制工艺文件

图 3-1 所示零件图结构简单,外轮廓先进行粗、精加工,然后用圆弧切槽刀切圆弧槽。数控加工工序卡见表 3-1,数控加工刀具卡见表 3-2。

表 3-1　　　　　　　　　　　　　数控加工工序卡

(厂名)		零件名称		子弹头		零件号		
数控加工工序卡片		材料		45 钢		程序号		
		夹具名称		三爪卡盘		使用设备		FANUC 0i 车床
工序号	1	编制				车间		数控车间
工步号	工步内容	刀具		切削用量			量具	
		编号	名称	主轴转速 $n/(\text{r·min}^{-1})$	进给量 $f/(\text{mm·r}^{-1})$	背吃刀量 a_p/mm	编号	名称
1	对刀	T01	R0.4 mm 外圆粗车刀	600	0.2		1	游标卡尺
2	粗车	T01	R0.4 mm 外圆粗车刀	800	0.2	1	1	游标卡尺
3	精车	T02	R0.2 mm 外圆精车刀	1 200	0.1	1	2	千分尺
4	切槽加工	T03	3 mm 圆弧切槽刀	600	0.06		1	游标卡尺
5	切断加工	T04	3 mm 切断刀	600	0.06			

表 3-2　　　　　　　　　　　　　数控加工刀具卡

数控加工刀具卡片	（厂名）	零件名称		子弹头	零件号	
		程序号			编制	
序号	刀具号	刀片规格	刀具尺寸		补偿地址	
			刀尖半径/mm	刀杆规格/(mm×mm)	半径/mm	形状
1	T01	外圆粗车刀(刀尖角55°)	0.4	20×20	0.4	♯0001
2	T02	外圆精车刀(刀尖角35°)	0.2	20×20	0.2	♯0002
3	T03	3 mm 圆弧切槽刀	1.5	20×20		♯0003
4	T04	3 mm 切断刀	0.2	20×20		♯0004

二、编写加工程序

零件加工参考程序(FANUC 0i 系统)见表 3-3。

表 3-3　　　　　　　　　　　　　零件加工参考程序

程序	说明	
O0007	程序名	
N10 T0101;	调用 1 号刀和 1 号刀补	
N20 G00 X100 Z100;	快速定位至 X100,Z100 位置	
N30 M03 S600;	主轴正转,转速为 600 r/min	
N50 M08;	开冷却液	
N40 G00 X35 Z1;	快速靠近工件,准备加工	
N60 G71 U1 R0.5;	外轮廓粗车 G71 复合循环,单边背吃刀量为 1.0 mm,退刀量为 0.5 mm	
N70 G71 P80 Q150 U0.5 W0 F0.2;	调用的精加工程序段从 N80 至 N150,粗加工为精加工留下余量 X 轴方向 0.5 mm,Z 轴方向 0.1 mm。	
N80 G00 X0;	精加工程序段	第一段,用 G00 或 G01 指令
N90 G01 Z0 F0.05;		刀具移动到(0,0)点
N100 G03 X18.59 Z−42.57 R93.5;		加工子弹头 R93.5 mm 的圆弧面
N110 G01 X20;		抬刀至 ϕ20 mm,准备加工台阶
N120 G01 W−7;		加工台阶,长度为 7 mm
N130 W−14.5 X30;		加工圆锥面
N140 W−59.5;		加工 ϕ30 mm 圆柱面,长度多加工 5 mm,为切断刀留下切断的位置
N150 G00 X52;		退刀
N190 G00 X100 Z100;	快速定位至换刀点	
N200 T0202;	换精车刀	

续表

程序	说明
N210 M03 S1200;	主轴正转,转速为 1 200 r/min
N220 G00 X35 Z1;	快速定位至循环始点
N230 G70 P80 Q150;	精加工
N240 G00 X100 Z100;	返回进刀始点
N260 M05 M09;	主轴停止,关冷却液
N270 M00;	程序暂停
N280 T0303;	换切槽刀
N290 M03 S600;	主轴正转,转速为 600 r/min
N300 G00 X35 Z−113.57;	快速接近加工部位
N305 M08;	开冷却液
N310 G01 X27 F0.06;	刀具切深 3 mm
N320 G01 X35;	退刀
N330 G00 X100 Z100;	返回换刀点
N340 T0100;	换回基准刀,取消刀补
N350 M05 M09;	主轴停止,关冷却液
N360 M30;	程序暂停

拓展训练

1. 用复合循环指令编程并在机床完成图 3-8 所示零件的加工。

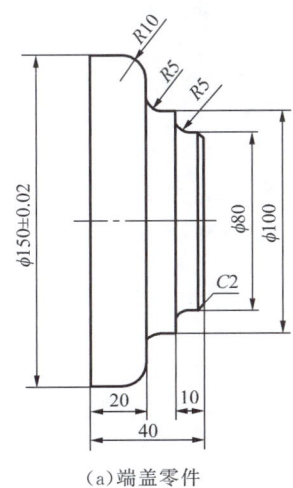
(a)端盖零件

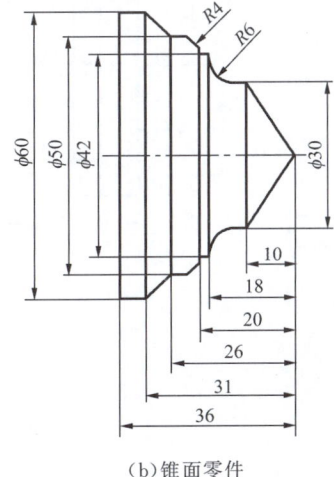
(b)锥面零件

图 3-8 题 1 图

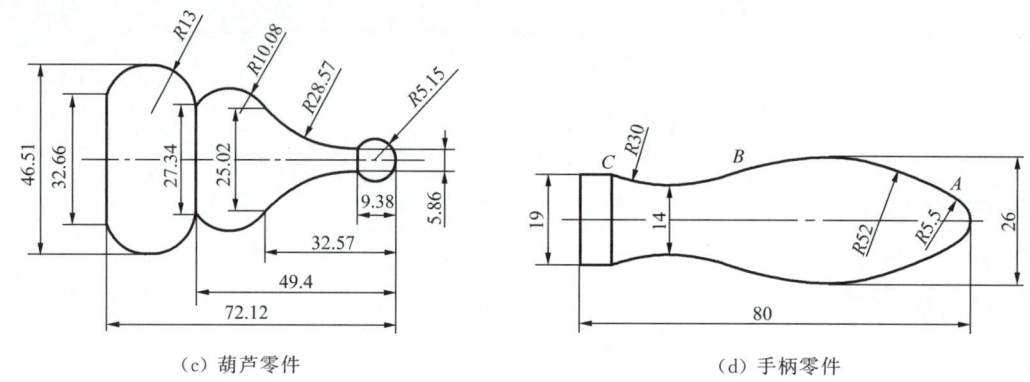

（c）葫芦零件　　　　　（d）手柄零件

续图 3-8　题 1 图

2.某厂需要加工小批量工艺品，图纸如图 3-9 所示。毛坯为铝合金棒料。任务完成后提交成品件和工艺文件。

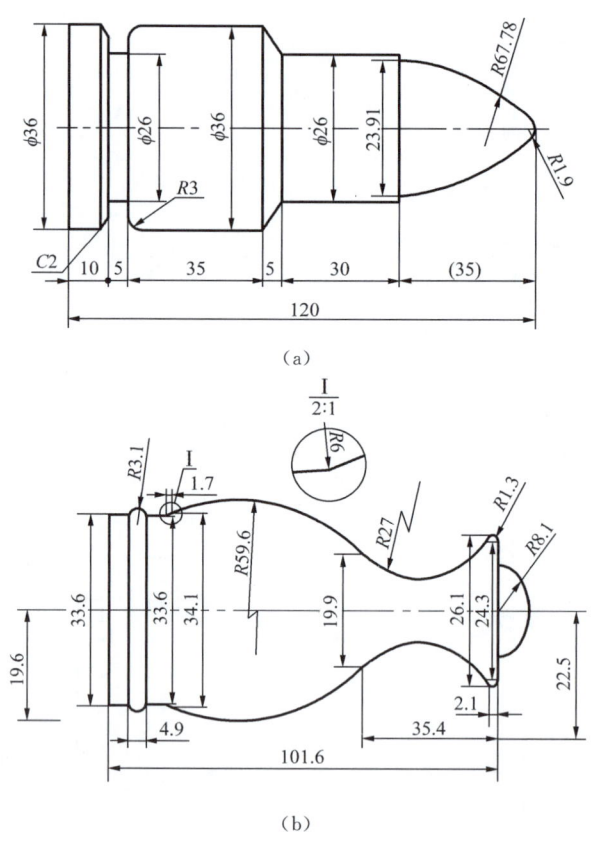

（a）

（b）

图 3-9　题 2 图

项目 4
车槽（切断）加工

◆ 学习目标

知识目标

掌握车槽刀的选择、切削用量参数的确定方法。
掌握车削外槽、内槽、切断的加工工艺。
掌握切槽刀操作技能，暂停指令G04的使用方法。
掌握轴向切槽循环指令G74的使用方法。
掌握径向切槽循环指令G75的使用方法。

能力目标

能根据图纸合理选择数控编程指令完成外槽、内槽、切断程序的编写。
能在机床加工中正确使用切槽和切断刀进行对刀操作。
能在机床上对各类槽和端面进行精度加工，并达到表面粗糙度要求。

素质目标

培养一丝不苟、精益求精的精神。
培养实事求是、勇于探索的科学精神。
培养安全生产意识。

加工任务

如图 4-1 所示为阶梯轴零件,其毛坯为 φ50 mm 棒料,材料为 45 钢,车削加工该零件,编程时需注意合理设计退刀槽的加工工艺。

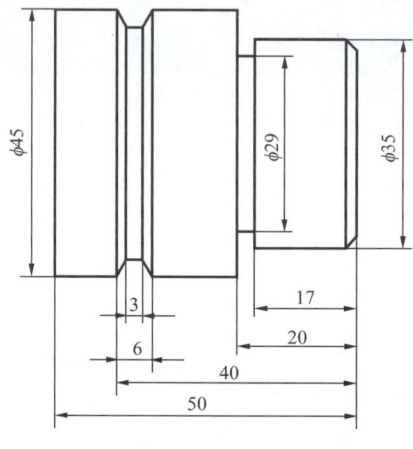

图 4-1 阶梯轴零件图

知识准备

一、车槽(切断)加工的特点

(1)切削变形大。切槽时,由于切槽刀的主切削刃和左、右副切削刃同时参与切削,切屑排出时,受槽两侧的摩擦、挤压作用,会导致切削变形增大。

(2)切削力大。切槽过程中切屑与刀具、工件的摩擦以及被切金属的塑性变形大,所以在切削用量相同的条件下,切槽时切削力比车外圆时的切削力大 20%～25%。

车槽切断加工

(3)切削热比较集中。切槽时,塑性变形大,摩擦剧烈,故产生的切削热也多,会加剧刀具的磨损。

(4)刀具刚性差。通常切槽刀主切削刃宽度较小(一般为 2～6 mm),刀头狭长,所以刀具的刚性差,切断过程中容易产生振动。

(一)切槽刀和切削用量的选择

切槽(切断)刀以横向进给为主,前端的切削刃为主切削刃,有两个刀尖,两侧为副切削刃,刀头窄而长,强度小;主切削刃太宽会引起振动,切断时浪费材料;太窄会削弱刀头的强度。

主切削刃宽度的计算公式为

$$a \approx (0.5 \sim 0.6)\sqrt{d}$$

式中 a——主切削刃的宽度,mm;
d——待加工零件表面直径,mm。

刀头长度的计算公式为

$$L=h+(2\sim 3)$$

式中 L——刀头的长度,mm;
h——被切零件的壁厚,mm。

车槽一般安排在粗车和半精车之后,精车之前。若零件的刚性好或精度要求不高,则可以在精车后再车槽。切削用量的确定如下:

(1)背吃刀量 a_p:当横向切削时,切槽刀的背吃刀量等于刀的主切削刃宽度,所以只需要确定切削速度和进给量。

(2)进给量 f:由于刀具刚性、强度及散热条件较差,因此应适当减小进给量。进给量太大,容易使刀折断;进给量太小,刀具与工件产生强烈摩擦会引起振动。

(3)切削速度 v:切槽或切断时的实际切削速度随刀具的切入越来越小,因此切槽或切断时切削速度可选大一些。用高速钢车刀加工钢料时,v 取 30～40 m/min;加工铸铁时,v=15～25 m/min。用硬质合金切削钢料时,v 取 80～120 m/min;加工铸铁时,v 取 60～100 m/min。车槽切削用量参考表见表 4-1。

表 4-1　　　　　　　　车槽切削用量参考　　　　　　　　mm·r^{-1}

切槽(切断)加工条件	进给量 f
用高速钢刀具加工钢料	0.05～0.1
用高速钢刀具加工铸铁	0.1～0.2
用硬质合金刀具加工钢料	0.1～0.2
用硬质合金刀具加工铸铁	0.15～0.25

车槽刀具的主切削刃应安装在与车床主轴线平行且等高的位置,过高或过低都不利于切削。切削过程如果出现切削平面呈凸、凹形等,或因切断刀主切削刃磨损及"扎刀",就要注意调整车床主轴转速和进给量。

二、车槽(车断)加工的方法

(一)外沟槽的加工

(1)车削精度不高和宽度较小的沟槽,可用刀宽等于槽宽的切槽刀,采用横向直进法一次加工完成,如图 4-2 所示。

(2)槽宽精度要求较高时,可采用粗车、精车二次进给加工,即第一次进给车沟槽时两壁留有余量;第二次用等宽刀修整,并采用 G04 指令使刀具在槽底部暂停几秒进行无进给光整加工,以提高槽底的表面质量,如图 4-3 所示。

(3)精度要求较高的较宽外圆沟槽加工,可以分几次进给,要求每次切削时刀具要有

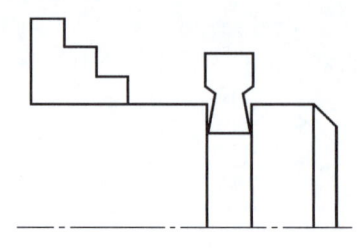

图 4-2 横向直进法

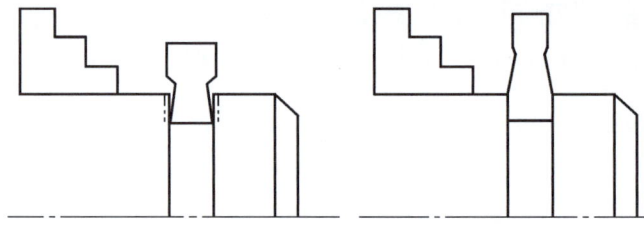

图 4-3 粗车、精车二次进给加工

重叠的部分,并在槽沟两侧和底面留一定的精车余量,如图 4-4 所示。

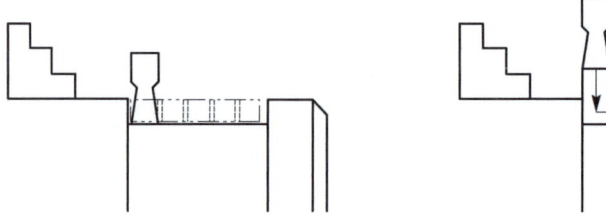

图 4-4 较宽外圆沟槽加工

例如,如图 4-5 所示,用 4 mm 的切槽刀车削槽。

其参考程序(FANUC 0i 系统)如下:

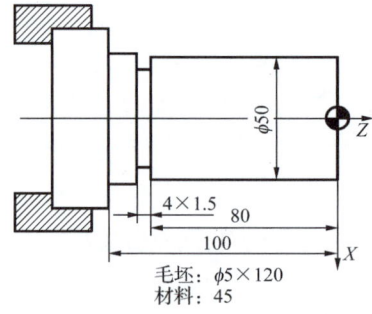

图 4-5 槽加工

……

N10 T0303;   调用 3 号切槽刀和刀补
N30 M03 S500;   主轴正转,转速为 500 r/min
N40 G00 X52 Z-80;   3 号车槽车刀到切削起点处
N50 G01 X47 F0.02;   车槽
N60 G04 P2000;   暂停 2 s,光整加工

```
N70 G00 X100；
N80 Z100；                    退出已加工表面
……
```

(二)内沟槽加工

内沟槽的加工,与外圆切槽的方法相似,确保排屑通畅和振动最小。切削时从底部开始向外进行切削,有利于排屑。

车削内沟槽时,刀杆直径受孔径和槽深的限制,排屑困难,断屑首先要从沟槽内排出,然后再从内孔排出,切屑的排出要经过 90°的转弯。因此车削宽度较小和要求不高的内沟槽,可用主切削刃宽度等于槽宽的内沟槽刀采用直进法一次车出;要求较高或较宽的内沟槽,可采用直进法分几次车出。粗车时,槽壁与槽底留精车余量,然后根据槽宽、槽深进行精车;若内沟槽深度较小,宽度很大,可用内圆粗车刀先车出凹槽,再用内沟槽刀车沟槽两端的垂直面。

(三)切断加工

切断加工方法有直进法和左、右借刀法,如图 4-6 所示。直进法常用于切断铸铁等脆性材料,左、右借刀法常用于切断钢等塑性材料。在进行切断加工时,需要注意以下几点：

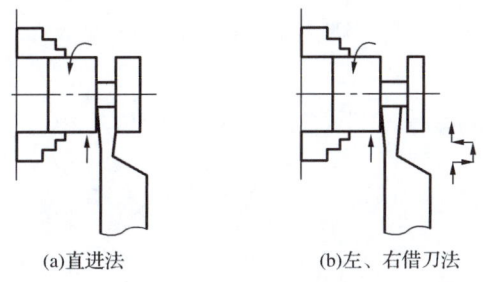

(a)直进法   (b)左、右借刀法

图 4-6 切断加工

(1)切断时,对于实心零件,零件半径应小于切断刀头的长度;对于空心零件,零件的壁厚应小于切断刀头的长度。在切断直径较大的零件时,不能将零件直接切断,应采取其他办法,如刀具支承法,防止事故发生。

(2)车矩形外沟槽的车刀,其主切削刃应安装在与车床主轴轴线平行并且等高的位置上,过高或过低都不利于切断。

(3)切断过程中,如果出现切断平面呈凸、凹形等,切断刀主切削刃发生磨损或出现"扎刀"现象,则要注意调整车床主轴转速和加工程序中有关的进给速度。

(4)当主轴的径向圆跳动误差较大、槽既深又窄或切屑不易断时可采用反切法,其加工程序不变。

(5)切断时要注意安全,预防事故发生,并时刻观察机床的状态。

例如,编写图 4-7 所示零件的切断加工程序。选择刀宽为 4 mm 切断刀,刀位点在左刀尖。采用手动切削右端面。保证 Z 向尺寸 50 mm,在移动刀具时应加刀宽 4 mm。径向进给应过 $X=0$ 点。

参考程序(FANUC 0i 系统)如下：

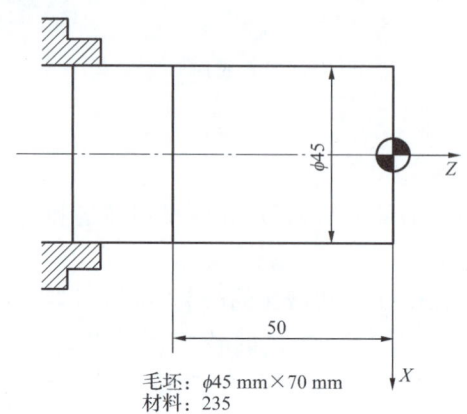

毛坯：φ45 mm×70 mm
材料：235

图 4-7　切断件

T0101；	调用 1 号切断刀，刀宽为 4 mm
G00 X100 Z100；	移动到程序起点位置
G96 M03 S80；	恒线速度有效，线速度为 80 m/min
G00 X48 Z－54；	快速移动到切削起点
G01 X－1 F40；	进给切削到过零线尺寸
G00 X100；	
Z100；	返回对刀点
……	

三、切槽和深孔钻循环指令 G75、G74

（一）径向切槽循环指令 G75

格式：G75 R(e)；
　　　G75 X(U)__ Z(W)__ P(Δi) Q(Δk) R(Δd) F(f)；

说明：

e：每次切削 Δi 后的退刀量，该值是模态值；

X(U)、Z(W)：切槽终点坐标值；

Δi：X 方向每次循环切削移动量(半径值)，m；

Δk：Z 方向的每次切削移动量，m；

Δd：刀具切削到终点时 Z 方向的退刀量，通常不指定；

f：进给速度。

径向切槽循环指令 G75

如图 4-8 所示，刀具径向切槽时，以 Δi 的切深量进行径向切削，然后回退 e 的距离，方便断屑，再以 Δi 的切深量进行径向切削，再回退 e 的距离，如此往复，直至到达指定的槽深度。

例如，用 G75 指令加工图 4-9 所示零件的宽槽，刀宽为 4 mm，参考程序（FANUC 0i 系统）如下：

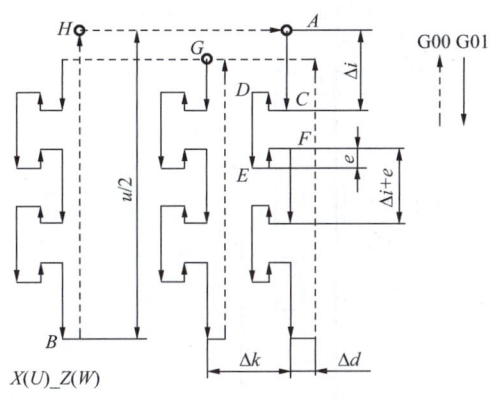

图 4-8 G75 切槽循环轨迹　　图 4-9 G75 切槽实例

……
T0202 M04 S500；
G00 X42 Z－29；
G75 R0.3；
G75 X32 Z－45 P1500 Q2 F0.08；
G00 X100 Z100；
……

（二）轴向切槽循环指令 G74

格式：G74 R(e)；
　　　G74 X(U)__ Z(W)__ P(Δi) Q(Δk) R(Δd) F(f)；

轴向切槽循环指令 G74

说明：

e：每次切削 Δk 后的退刀量，该值是模态值；

X(U)、Z(W)：切槽终点处坐标值；

Δi：X 方向每次循环移动量，一般为零（半径值），m；

Δk：Z 方向的每次切削移动量，m；

Δd：切削刀终点时 Z 方向的退刀量，通常不指定；

f：进给速度。

如图 4-10 所示，刀具端面切槽时，以 Δk 的切深量进行轴向切削，然后回退 e 的距离，方便断屑，再以 Δk 的切深量进行轴向切削，再回退 e 的距离，如此往复，直至到达指定的槽深度。

当 G74 指令用于端面啄式深孔钻削循环指令时，装夹在刀架上的刀具要精确定位到零件的旋转中心。此时指令格式简化为

　　G74 R(e)；
　　G74 Z(W)__ Q(Δk) F(f)；

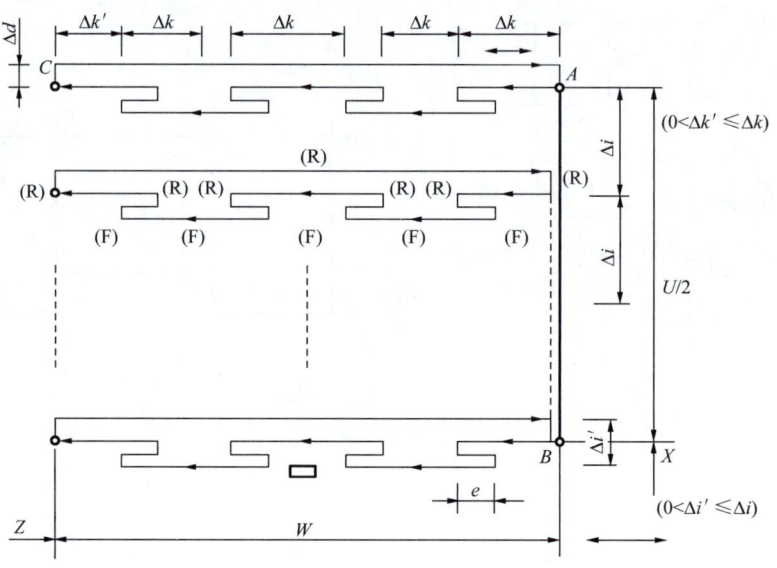

图 4-10 G74 切槽循环轨迹

例如,加工图 4-11 所示的端面环形槽及中心孔零件,以零件右端面中心为零件坐标系原点,切槽刀刀宽为 3 mm,以左刀尖为刀位点,选择 $\phi10$ mm 钻头进行中心孔加工。

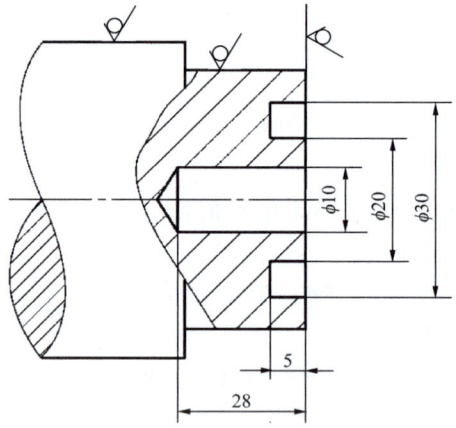

图 4-11 G74 切槽实例

参考程序(FANUC 0i 系统)如下:

……

G99 M03 S600;

G00 X24 Z2;

G74 R0.3;

G74 X20 Z−5 P2000 Q2000 F0.1;

G00 X100 Z50;

T0202;

G00 X0 Z2;

```
G74 R0.3；
G74 Z-28 Q2000 F0.08；
G00 X100 Z50；
……
```

（三）暂停指令 G04

G04 在前一程序段的进给速度降到零之后才开始暂停；为非模态指令，仅在其被规定的程序段中有效；可使刀具做短暂停留，以获得圆整而光滑的表面。

格式：G04 P＿；

说明：

P：暂停时间，s。

四、子程序调用指令 M98、M99

数控机床的加工程序可以分成主程序和子程序两种。主程序是一个完整的零件加工程序或零件加工程序的主体部分。但是在编制加工程序中，有时会遇到一组程序段在一个程序中多次出现，或者几个程序中都要使用它，这个典型的加工程序可以做成固定程序，并单独命名，这组程序段就称为子程序。

（一）子程序的用途

将子程序储存于数控系统中，主程序在执行过程中，如果需要某一子程序，可以通过指令调用。一个子程序还可以调用下一级的子程序，如此循环，可以调用四级。子程序必须在主程序结束指令后建立，其作用相当于一个固定程序。

（二）子程序的结构

一个子程序的构成如下：

```
O××××          子程序序号
…… ；          子程序内容
…… ；          子程序内容
M99 ；          子程序结束，返回主程序
```

（三）子程序的调用

在主程序中，调用子程序的指令是一个程序段，其格式为

M98　P△△△××××；

格式中符号的说明：

M98：调用子程序指令；

P：子程序符号；

△△△：子程序重复调用次数，可以为0～999。当不指定重复次数时，子程序只调用一次；

××××:子程序序号。

例如:M98 P51002;表示连续调用子程序"O1002"5次。

例如:G00 X100 M98 P1200;表示在X坐标方向快速运动到坐标(X100,W0)后调用子程序"O1200"1次。

(四)子程序返回主程序

子程序结束,执行M99可使控制程序返回主程序。

说明:

(1)子程序执行完请求的次数后用M99返回到主程序M98的下一句继续执行。

(2)省略循环次数,默认循环次数为1次。

(五)子程序的嵌套

子程序可以嵌套四级,如图4-12所示。

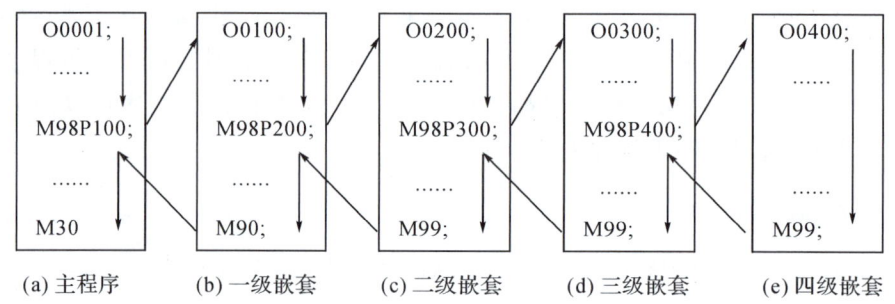

图4-12 子程序的嵌套

例如:如图4-13所示,车削不等距槽的切纸棍,已知毛坯为 ϕ32 mm,1号车刀为90°偏刀,第1组刀补,2号车刀为切槽刀,刀刃宽度为4 mm,第2组刀补,不切断。试编程。

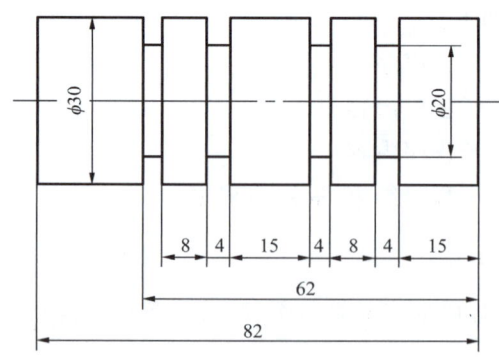

图4-13 子程序的应用

参考程序(FANUC 0i 系统)如下:

N10　G99　G21　G40;　　　　　　设定进给速度、公制单位、取消刀尖半径补偿
N20　M03　S360;　　　　　　　　主轴正转,转速为360 mm/r
N30　T0101;　　　　　　　　　　换1号车刀,第1组刀补

N40	G00	X35	Z4;	快速定位,准备平右端面和切削 φ30 mm 外圆
N50	G01	Z0	F0.3;	准备右平端面
N60	X0;			平右平端面
N70	G00	X30	Z4;	快速退刀到 φ30 mm
N80	G01	Z−90;		切削 φ30 mm 外圆
N90	G00	X100	Z100	退刀回到换刀点,准备换2号切槽刀
N100	T0202;			换2号刀,第2组刀补
N110	G00	X35	Z−15;	快速定位
N120	M98	P20002;		调用子程序 O0002 二次
N130	G00	X50;		X方向退刀
N140	Z150;			Z方向退刀
N150	M05	T0200;		主轴停转,取消刀补
N160	M30;			程序结束,系统复位

子程序:

O0002				设定子程序 0002 号
N10	G00	W−4;		Z轴方向负向移动到4 mm处,至第一个槽处
N20	G01	X20	F0.1;	切第一槽至尺寸
(或 N20 G01 U−15 F0.1;)				
N30	G04	X2;		槽底停留2 s
N40	G01	X35;		X方向退出
(或 N40 G01 U15;)				
N50	G00	W−12;		Z方向快速定位至第二槽处
N60	G01	X20	F0.1;	切第二槽至尺寸
(或 N60 G01 U−15 F0.1;)				
N70	G04	X2;		槽底停留2 s
N80	G01	X35;		X方向退出
(或 N80 G01 U15;)				
N90	G00	W−15;		Z轴方向负向移动15 mm
N100	M99;			子程序结束并返回主程序

任务执行

一、编制工艺文件

由图4-1可知,该零件为阶梯轴类零件,根据零件图要求,该零件的各个尺寸精度没有重点要求,加工时可以选择长一点的毛坯件,采用粗、精车阶梯轴。利用三爪自定心卡盘装夹;可分别采用刀尖圆角为 $R0.5$ mm 的93°外圆车刀和 $R0.2$ mm 的93°外圆车刀,以及3 mm 切槽刀。数控加工工序卡见表4-2,数控加工刀具卡见表4-3。

表 4-2　　数控加工工序卡

（厂名）		零件名称		阶梯轴		零件号		
数控加工工序卡片		材料		45 钢		程序号		
		夹具名称		三爪卡盘		使用设备		FANUC 0i 车床
工序号	1	编制				车间		数控车间
工步号	工步内容	刀具		切削用量			量具	
		编号	名称	主轴转速 $n/(\text{r}\cdot\text{min}^{-1})$	进给量 $f/(\text{mm}\cdot\text{r}^{-1})$	背吃刀量 a_p/mm	编号	名称
1	车端面	T01	R0.4 mm 外圆粗车刀	800	0.3	2	1	游标卡尺
2	粗车外圆	T01	R0.4 mm 外圆粗车刀	800	0.3	2	1	游标卡尺
3	精车外圆	T02	R0.2 mm 外圆精车刀	1 200	0.15	0.5	2	千分尺
4	车槽	T03	3 mm 切槽刀	400	0.15		1	游标卡尺
5	切断	T04	3 mm 切槽刀	4	600	0.06		

表 4-3　　数控加工刀具卡

（厂名）		零件名称	阶梯轴	零件号		
数控加工刀具卡片		程序号		编制		
序号	刀具号	刀片规格	刀具尺寸		补偿地址	
			刀尖半径/mm	刀杆规格/(mm×mm)	半径/mm	形状
1	T01	外圆粗车刀（刀尖角 55°）	0.4	20×20	0.4	♯0001
2	T02	外圆精车刀（刀尖角 35°）	0.2	20×20	0.2	♯0002
3	T03	R1.5 mm 的 3 mm 切槽刀		20×20		♯0003
4	T04	切断刀		20×20		♯0004

二、编写加工程序

零件参考程序（FANUC 0i 系统）见表 4-4。

表 4-4　　零件加工程序

程序	说明
O0401	程序号
T0101；	选择外圆粗车刀
M04 S800；	主轴反转，转速为 800 r/min
G00 X52. Z0；	刀具快移至 X52、Z0 点
G01 X−1 F0.15；	切削右端面至 X−1 点
G00 X52. Z2；	刀具快速返回 X52、Z2 点
G90 X48. Z−55 F0.3；	用单一循环指令加工外轮廓
X46；	

续表

程序	说明
X45.5;	加工 φ45 mm 圆柱,为精加工留 0.5 mm 的余量
X43.5 Z-20;	
X41.5;	
X39.5;	
X37.5;	
X35.5;	加工 φ35 mm 圆柱,为精加工留 0.5 mm 的余量
G00 Z100;	
T0202;	选择外圆精车刀
M04 S1200;	主轴反转,转速为 1 200 r/min
G00 X27.Z2;	
G01 X34.Z-2.F0.15;	
G01 Z-20;	
G01 X45;	
G01 Z-55;	
G00 X100.Z100;	
T0303;	选择 3 mm 切槽刀
M04 S400;	主轴反转,转速为 400 r/min
G00 X37.0 Z-20;	加工左边第一个槽
G75 R0.5;	
G75 X29.0 Z-20.0 P1000 F0.15;	
G00 X47;	
G00 Z-38.5;	加工左边第二个槽
G75 R0.5;	
G75 X29.0 Z-38.5 P2000 Q2000 F0.15;	
G00 G42 X45 Z-36;	
G01 X35 W-1.5;	
G04 P1000;	
G01 X45 W-1.5;	
G00 X100;	
G00 Z200;	
M05;	
M30;	主程序结束并复位

拓展训练

1. 加工图 4-14 所示的零件。零件毛坯为 $\phi40$ mm 棒料,材料为 45 钢,要求对零件进行数控加工工艺分析、数控加工程序编制和数控加工。

2. 加工图 4-15 所示阶梯轴零件,毛坯为 $\phi35$ mm 棒料,材料为 45 钢。要求合理设计退刀槽的工艺,编制加工程序并车削加工零件。

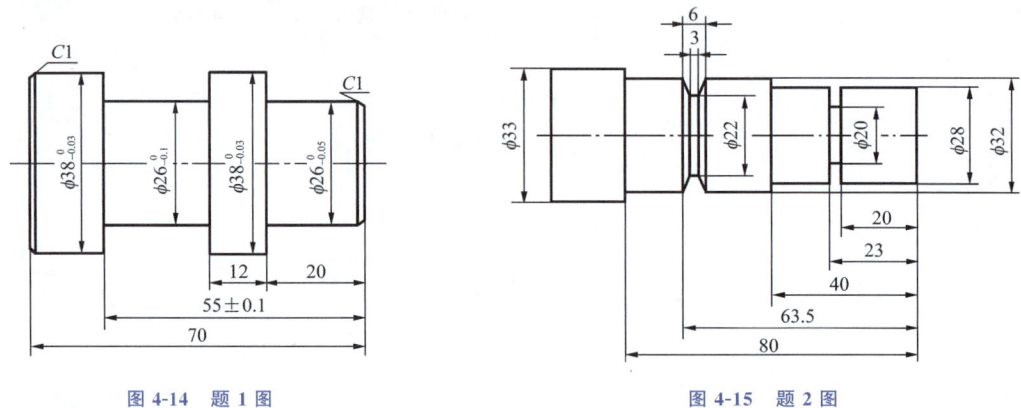

图 4-14　题 1 图　　　　　　　　　图 4-15　题 2 图

3. 运用内外径切槽循环指令 G75 编程加工图 4-16 所示零件的宽槽,刀宽为 4 mm。

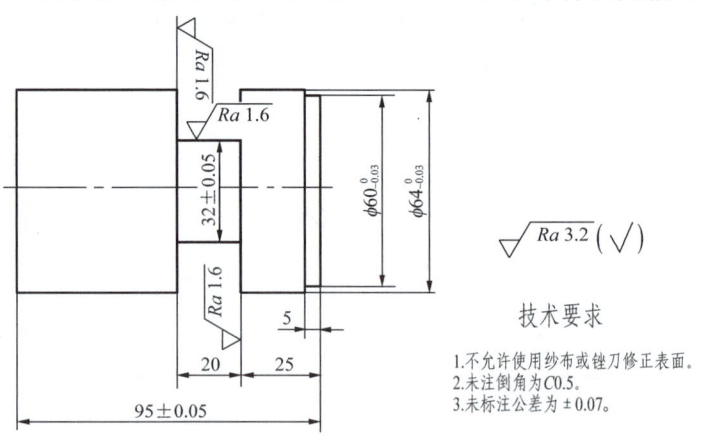

技术要求

1. 不允许使用纱布或锉刀修正表面。
2. 未注倒角为 C0.5。
3. 未标注公差为 ±0.07。

图 4-16　题 3 图

项目 5
螺纹零件加工

◆ **学习目标**

知识目标

了解常见的螺纹类型及作用。
掌握常见螺纹尺寸的计算方法。
掌握常见螺纹数控加工的编程方法。
熟练掌握G32、G34、G92、G76指令的应用方法。
掌握螺纹的测量方法。

能力目标

能根据图纸合理选择螺纹编程指令完成螺纹程序的编写。
能在加工中对螺纹刀进行正确对刀。
能在机床上对螺纹进行精度加工,并达到表面粗糙度要求。
能选择合适量具进行正确的螺纹检测。

素质目标

培养精益求精、严谨专注的精神。
培养创新意识。
培养爱岗爱国、团结合作精神。

加工任务

如图 5-1 所示,螺纹是最常见的连接形式。在日常生产中,螺纹有各种各样的成形方式,以去除材料的方式(如车削)加工螺纹是最常见的加工手段。下面通过完成任务,掌握螺纹尺寸的基本计算,G32、G92、G76 螺纹加工指令编制数控加工程序的特点以及编程的基本规范,螺纹的测量及螺纹环规的正确使用方法。

图 5-1　螺纹零件

如图 5-2 所示,螺纹零件外轮廓和退刀槽已经加工完成,材料为 45 钢,要求编程完成螺纹的数控加工。

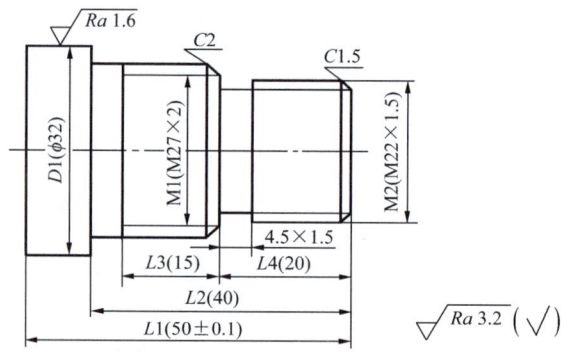

图 5-2　螺纹零件图

知识准备

一、常见的螺纹类型和螺纹标记

(一)螺纹类型

1. 按照用途分类

螺纹按用途不同可分为连接螺纹和传动螺纹。

2. 按照牙型分类

螺纹按牙型不同可分为三角形螺纹、管螺纹、圆形螺纹、矩形螺纹、梯形螺纹、锯齿形螺纹。

常见螺纹和螺纹加工方法

3. 按照螺旋线旋向分类

螺纹按螺旋线方向不同可分为右旋螺纹和左旋螺纹。

4. 按照螺旋线数分类

螺纹按螺旋线数可分为单线螺纹和多线螺纹。

5. 按照母体形状分类

螺纹按母体形状不同分为圆柱螺纹和圆锥螺纹。

(二)螺纹标记

完整的螺纹标记由螺纹代号、螺纹公差代号和螺纹旋合长度代号三部分组成,中间用"-"隔开。外螺纹(M20-5g6g-S)标记和内螺纹(M20×1.5-6H-S-LH)标记实例分别如图 5-3 和图 5-4 所示。

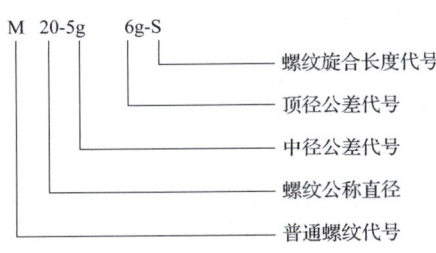

图 5-3 外螺纹标记

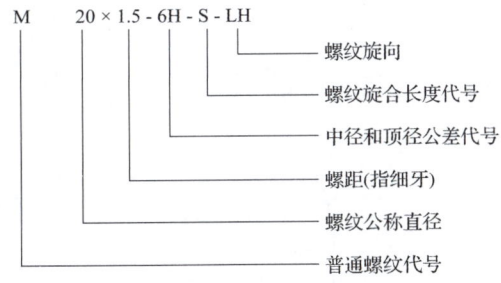

图 5-4 内螺纹标记

关于螺纹标记的说明:

(1)对于粗牙螺纹的螺距,可以省略标注其螺距项,而细牙螺纹则必须标注。

(2)对于多线螺纹,采用"公称直径×螺距"的方式标注。

(3)对于左旋螺纹,应在螺纹旋合长度后标注"LH"。螺纹旋合长度分为三组:短旋合长度(S)、中等旋合长度(N)和长旋合长度(L),一般螺纹通常采用中等旋合长度。

二、螺纹加工方法和切削用量的选择

(一)数控车床加工螺纹的进刀方式

若所选用的机床是前置刀架,主轴正转,刀具自右向左进行加工,切削右旋螺纹;反之,刀具由左向右进行加工,切削左旋螺纹。若所选用的机床是后置刀架,主轴旋转,刀具自右向左进行加工,切削左旋螺纹;反之,刀具自左向右进行加工,切削右旋螺纹。

在数控车床上加工螺纹的进刀方式有直进法和斜进法。

1. 直进法

用直进法车削三角形螺纹是低速车削螺纹的一种常用方法,如图 5-5 所示。用高速钢车刀进行粗、精车削,车削过程是在每次往复行程后车刀沿横向进给,通过多次行程完成螺纹车削。这种加工方法由于刀具两侧刃同时工作,切削力较大,牙型准确,但排屑困难,容易产生扎刀现象,一般用于车削螺距小于 3 mm 的螺纹。

2. 斜进法

如图 5-6 所示,刀具沿螺纹一侧顺次进给。由于是单侧刃加工,切削刃容易损伤和磨损,使加工的螺纹面不直,刀尖角发生变化,从而造成牙型精度较差。同时由于是单侧刃切削,刀具负载较小,排屑容易,并且切削深度为自动递减式,因此这种加工方法一般适用于螺距或导程大于 3 mm 的螺纹加工,在螺纹精度要求不高的情况下,加工更为方便,可以做到一次成形。在加工有较高精度要求的螺纹时,可以先采用斜进法进行粗加工,然后采用直进法进行精加工。但要注意刀具起始点定位要准确,否则会产生"乱牙"现象,造成零件报废。

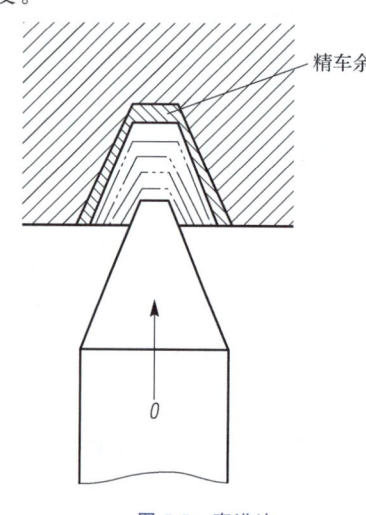

图 5-5 直进法

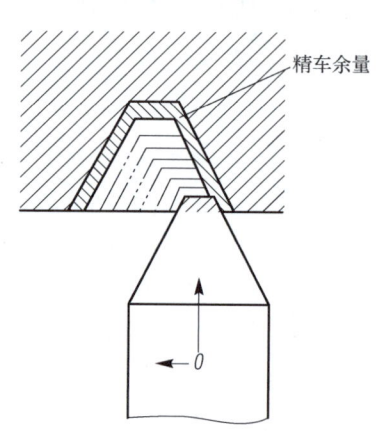

图 5-6 斜进法

(二)螺纹加工切削用量的选用

1. 主轴转速

螺纹加工时主轴转速的验算公式为

$$n \leqslant \frac{1\ 200}{P} - K$$

式中　P——螺纹的螺距,mm;
　　　K——保险系数,一般取 80。

一般 $P=2$ 时,$n=400$ r/min;$P=1.5$ 时,$n=500$ r/min。

如果数控系统能够支持高速螺纹加工,则可采用相应螺纹加工刀具,主轴转速按照 200 mm/min 选取;而经济型数控车床如果采用高主轴转速加工螺纹,则会出现"乱牙"现象。

螺纹加工的尺寸和切削用量计算

2. 进给速度

螺纹加工时数控车床主轴转速和工作台纵向进给量存在严格数量关系,即主轴旋转一转,工作台移动一个待加工螺纹导程距离。因此在加工程序中只要给出主轴转速和螺纹导程,数控系统就会自动运算并控制工作台纵向进给速度。

3. 背吃刀量

如果螺纹牙型较深、螺距较大,则可采用分次进给方式进行加工。每次进给的背吃刀量是螺纹深度减去精加工背吃刀量所得的差按递减规律分配的。常用螺纹切削进给次数与背吃刀量关系见表 5-1。

表 5-1　　　　　　　　　常用螺纹切削进给次数与背吃刀量关系

螺距/mm		1.0	1.5	2.0	2.5	3.0	3.5	4.0
牙深/mm		0.649	0.974	1.299	1.624	1.949	2.273	2.598
切削进给次数及对应背吃刀量/mm	1 次	0.7	0.8	0.9	1.0	1.2	1.5	1.5
	2 次	0.4	0.6	0.6	0.7	0.7	0.7	0.8
	3 次	0.2	0.4	0.6	0.6	0.6	0.6	0.6
	4 次		0.16	0.4	0.4	0.4	0.6	0.6
	5 次			0.1	0.4	0.4	0.4	0.4
	6 次				0.15	0.4	0.4	0.4
	7 次					0.2	0.2	0.4
	8 次						0.15	0.3
	9 次							0.2

三、螺纹尺寸计算

用车削螺纹指令编程前,需要对螺纹的相关尺寸进行计算,以确定车削螺纹程序中的有关参数。

(一)螺纹牙型高度

车削螺纹时,车刀总的切削深度是牙型高度,即螺纹牙顶到牙底之间垂直于螺纹轴线的距离。《普通螺纹 基本尺寸》(GB/T 196—2003)规定,普通螺纹的牙型理论高度 $H=0.866P$,实际加工时,由于螺纹车刀刀尖圆弧半径的影响,螺纹牙型实际高度为

$$h = H - 2 \times \left(\frac{H}{8}\right) = 0.649\,5P$$

式中　H——牙型理论高度,mm;

　　　h——牙型实际高度,mm;

　　　P——螺纹的螺距,mm。

(二)螺纹顶径

在车削螺纹时,由于刀具的挤压使得最后加工出来的顶径塑性膨胀,从而影响螺纹的装配和正常使用,考虑到这个问题,在车削螺纹前的圆柱加工中,先多切除一部分材料,将外圆柱车小,内圆柱车大,这个值一般是 0.2~0.3 mm。

螺纹大径($d_大$)和小径($d_小$)可根据经验公式计算

$$d_大 = D - 0.1P$$

$$d_小 = D - 1.3P$$

式中　D——螺纹的公称直径，mm；
　　　P——螺纹的螺距，mm。

(三) 螺纹加工的轴向尺寸

在加工螺纹时，沿螺距方向（Z 向）刀具进给速度与主轴转速有严格的匹配关系。由于螺纹加工开始有一个加速过程，结束有一个减速过程，在加（减）速过程中主轴转速保持不变，因此，在这两段距离内螺距是变化的。如图 5-7 所示，车削螺纹时，为了避免在进给机构加（减）速过程中切削，应留有一定的加速进刀距离 δ_1 和减速退刀距离 δ_2，其数值与进给系统的动态特性、螺纹精度和螺距有关，一般 δ_1 大于 2 倍导程，δ_2 不小于 1～1.5 倍导程。刀具实际 Z 向行程（δ）包括螺纹有效长度 L 以及加、减速段距离 δ_1 和 δ_2。

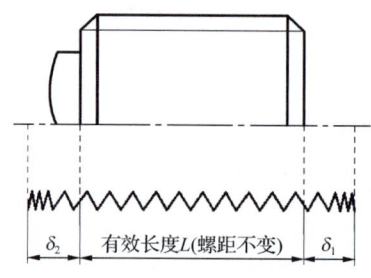

图 5-7　进刀与退刀距离

$$\delta = \delta_1 + L + \delta_2$$

式中　δ_1——引入（加速段）距离（2～5 mm），一般大于 $2P$；
　　　L——螺纹的有效长度，mm；
　　　δ_2——引出（减速段）距离（1～3 mm），若有退刀槽，则为退刀槽的一半。

四、螺纹切削刀具

螺纹车刀是成形刀具，公制螺纹牙型角为 60°。螺纹车刀的材料，一般有高速钢和硬质合金两种。高速钢螺纹车刀刃磨比较方便，容易得到锋利的刀尖，而且韧性较好，刀尖不易爆裂。因此，常被用于塑性材料工件螺纹的粗加工。缺点是高温下容易磨损，不能用于高速车削。硬质合金螺纹车刀耐磨和耐高温性能比较好，一般用于加工脆性材料工件螺纹及批量较大的小螺距（$P < 4$ mm）螺纹的加工。

数控车床上一般采用可转位内、外普通螺纹车刀，用于加工 60° 公制螺纹。这种车刀使用全牙型螺纹刀片，规格有 11、16、22 三大系列，共 60 多种型号，带有特制的修光刃，与刀杆配合使用可满足螺距为 1～6 mm 的内螺纹以及螺距为 1.25～6.00 mm 的外螺纹的加工需要。

(一) 螺纹车刀的安装

螺纹车刀的刀尖角直接决定螺纹的成形和螺纹的精度，车刀的刀尖角等于螺纹牙型角 $\alpha = 60°$，其前角 $\gamma = 0$，以保证加工螺纹的牙型角精度，否则牙型角将产生误差。只有进行粗加工或对螺纹精度要求不高时，为提高切削性能，其前角才可取 5°～20°。

安装螺纹车刀时，刀尖对准工件中心，并用样板或万能角度尺对刀，以保证刀尖角的角平分线与工件的轴线垂直,使车出的牙型角不偏斜,如图 5-8 所示。刀尖安装高度与工件轴线等高,防止硬质合金车刀高速切削时出现扎刀,刀尖允许高于工件轴线百分之一工件直径的高度。

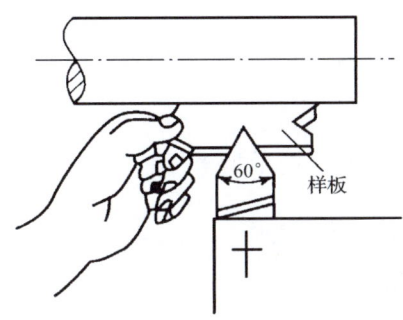

图 5-8　螺纹车刀的安装

(二)螺纹车刀对刀

X 轴方向对刀:试切工件外圆—刀具原路返回—主轴停止—测量外径 d—按"OFFSET SETTING"软键—输入"Xd"—按"测量"软键。

Z 轴方向对刀:手轮操作,刀具慢慢靠近工件右端面,目测螺纹刀尖与端面平齐—按"OFFSET SETTING"软键—输入"Z0"—按"测量"软键。

(三)螺纹测量

测量螺纹时,一般用游标卡尺测量螺纹的外径及长度、螺纹样板规测量螺纹螺距、螺纹千分尺[图 5-9(a)]测量螺纹中径、螺纹环规[图 5-9(b)](或螺纹塞规)对螺纹进行综合测量。

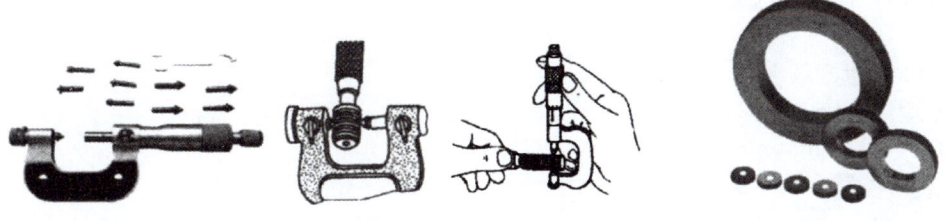

(a)螺纹千分尺测量螺纹尺寸　　　　　　　　(b)螺纹环规

图 5-9　螺纹千分尺测量方法和螺纹环规

螺纹环规用于测量外螺纹;螺纹塞规用于测量内螺纹,分为通规和止规,成对使用。测量判定方法如下:通规通,止规止,则螺纹合格。

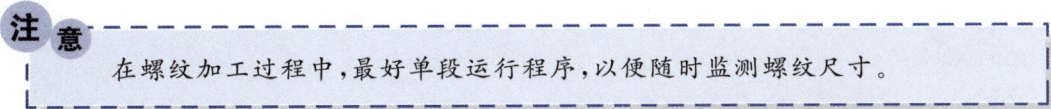

在螺纹加工过程中,最好单段运行程序,以便随时监测螺纹尺寸。

五、螺纹加工指令 G32、G34、G92、G76

（一）单行程螺纹切削指令 G32

格式：G32 X(U)__ Z(W)__ F __；

说明：

X、Z：螺纹终点坐标；

U、W：螺纹终点相对于螺纹起点的增量坐标；

F：螺纹导程。

在切削过程中，车刀进给运动严格按指令中规定的螺纹导程进行。在设计程序时，应将车刀的切入、切出、返回均编入程序中。

如图 5-10 所示，锥螺纹斜角 α 小于 45°时，螺纹导程以 Z 轴方向指定；α 为 45°～90°时，以 X 轴方向指定。

例如，如图 5-11 所示，用 G32 指令加工圆柱螺纹。设引入长度 $\delta_1=5$ mm，引出长度 $\delta_2=2$ mm，螺纹牙底直径 $=28-2\times1.299\approx25.4$ mm。

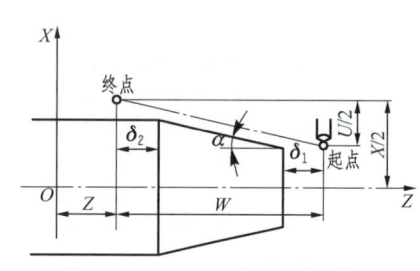

图 5-10　锥螺纹加工

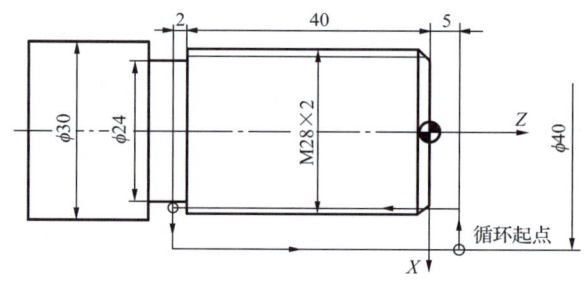

图 5-11　圆柱螺纹加工

参考程序（FANUC 0i 系统）如下：

……

G00 X27.1 Z5；

G32 Z−42 F2；　　　　　　　　　　第一刀车螺纹，切深为 0.9 mm

G00 X30；

Z5；

X26.5；

G32 Z−42 F2；　　　　　　　　　　第二刀车螺纹，切深为 0.6 mm

G00 X30；

Z5；

X25.9；

G32 Z−42 F2；　　　　　　　　　　第三刀车螺纹，切深为 0.6 mm

G00 X30；

Z5；

X25.5；

G32 Z−42 F2；　　　　　　　　　　第四刀车螺纹，切深为 0.4 mm

```
G00 X30;
Z5;
X25.4;
G32 Z-42 F2;          最后一刀车螺纹,切深为 0.1 mm
G00 X30;
Z5;
……
```

(二)变导程螺纹切削指令 G34

格式:G34 X(U)__ Z(W)__ F__ K __;

X(U)、Z(W)、F 的含义与 G32 相同,K 为螺纹每导程的增、减量,其范围为 0.000 1~100 mm/r,如图 5-12 所示。

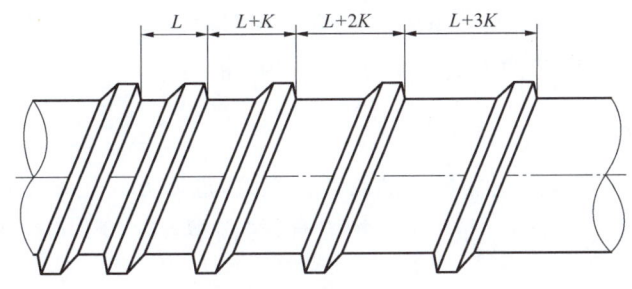

图 5-12 变导程螺纹切削

(三)螺纹切削循环指令 G92

如图 5-13 所示,螺纹切削循环指令 G92 适用于切削圆柱螺纹和圆锥螺纹,每指定一次,螺纹切削自动进行一次循环,循环路线与外径/内径切削循环基本相同。

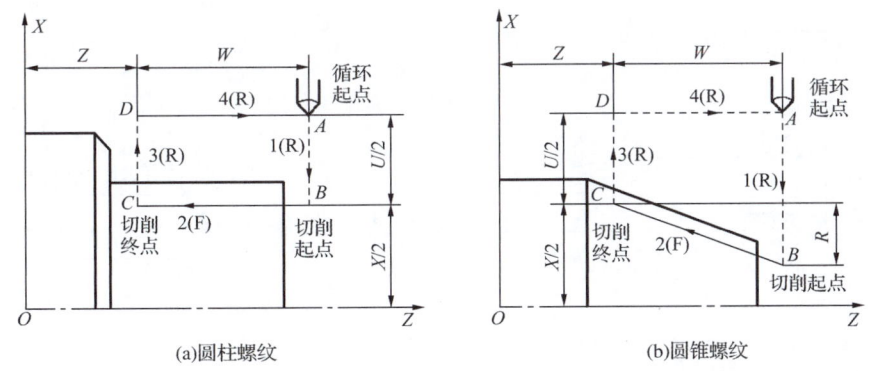

图 5-13 螺纹切削循环

1. 圆柱螺纹切削循环

格式:G92 X(U)__ Z(W)__ F __;

如图 5-13(a)所示,刀具从循环起点 A 开始,按 A、B、C、D 进行自动循环,最后又回到循环起点 A。图中 X、Z 为切削终点(C 点)的坐标,U、W 为终点相对起点的增量坐标,F 为螺距。图中的(R)表示刀具快速移动,(F)表示刀具按指定的螺距做进给移动。

用 G92 指令加工如图 5-13(a)所示圆柱螺纹,参考程序(FANUC 0i 系统)如下:

……

G00 X40 Z5;　　　　　　　　刀具定位到循环起点

G92 X27.1 Z42 F2;　　　　　　第一次车螺纹

X26.5;　　　　　　　　　　　第二次车螺纹

X25.9;　　　　　　　　　　　第三次车螺纹

X25.5;　　　　　　　　　　　第四次车螺纹

X25.4;　　　　　　　　　　　最后一次车螺纹

G00 X150 Z150;　　　　　　　刀具回到换刀点

……

2. 圆锥螺纹切削循环

格式:G92 X(U)__ Z(W)__ R__ F__;

如图 5-13(b)所示,X(U)、Z(W)、F 的含义同圆柱螺纹切削循环,R 为圆锥螺纹终点半径与起点半径的差,R 值的正负判断方法与 G90 相同。

(四)螺纹切削复合循环指令 G76

G76 指令可加工带螺纹退尾的直螺纹和锥螺纹,进刀方式是斜进式,可实现单侧刀刃螺纹切削,背吃刀量逐渐减小,有利于保护刀具、提高螺纹精度。G76 指令不能加工端面螺纹。

格式:G76 P(m)(r)(α) Q(Δd_{min}) R(d);

　　　G76 X(U)__ Z(W)__ R(i) P(k) Q(Δd) F(L);

该螺纹切削循环的工艺性比较合理,编程效率较高,螺纹切削循环路线及进刀方法如图 5-14 所示。

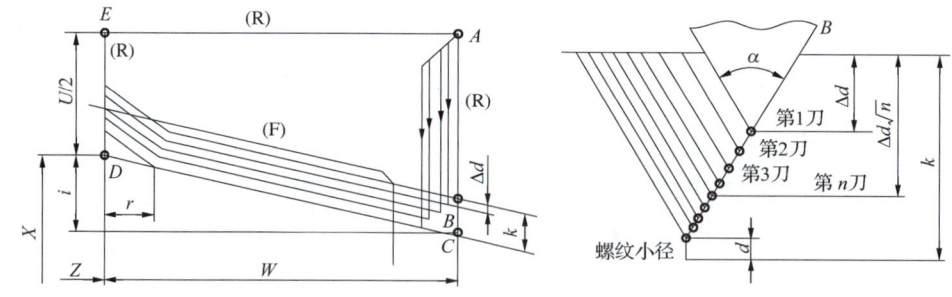

图 5-14　螺纹切削复合循环路线及进刀法

说明:

m:精车重复次数,用 01~99 的两位数表示,该参数为模态量。

r:螺纹末端的倒角系数,用 00~99 的两位数表示,倒角量为 $0.1Lr$。例如 $r=10$,则倒角量$=10 \times L \times 0.1$,L 是螺距。

$α$:刀尖角度,从 80°、60°、55°、30°、29°、0°中选择。

Δd_{min}:最小切削深度,当计算深度小于 Δd_{min} 时,取 Δd_{min} 作为切削深度。当第 n 次

切削,深度小于这个极限值时,以该值进行切削(半径值,单位为 m)。

d:精加工余量,用半径编程指定。

X、Z:螺纹终点的坐标。

U、W:增量坐标。

i:锥螺纹的半径差,若 $i=0$,则为直螺纹。

k:螺纹的牙深(半径值,单位为 m),按 $k=0.6495P$(P 为螺纹的螺距)计算。

Δd:第一次粗切深度(半径值,单位为 m)。

用 G76 指令加工如图 5-13(a)所示圆柱螺纹,其参考程序(FANUC 0i 系统)如下:

……
G00 X40 Z5;   刀具定位到循环起点
G76 P011060 Q100 R0.2;   车螺纹,精车次数为1,螺尾倒角 $r=L=2$,牙型角 $\alpha=60°$
G76 X25.4 Z−42 R0 P1299 Q900 F2.0;   螺纹牙高 1.299 mm,第一次车削深度 0.9 mm,螺距 2 mm
G00 X150 Z150;   刀具回到换刀点
……

> **任务执行**

一、选择刀具

螺纹轴典型件加工
工艺和编程

90°偏刀;切槽刀,刀宽为 3 mm,以左刀尖为刀位点;螺纹刀;切断刀。

二、确定加工路线

螺纹典型件的
加工操作

用 90°偏刀粗车 M2×L4、M1×L2、D1×L1 外圆,留 0.25 mm 精车余量;用 90°偏刀精车右端倒角、M2×L4 外圆、M1 端面及倒角、M1×L2、D1×L1 外圆,达到尺寸精度要求;换切槽刀,切 4.5 mm×1.5 mm 窄槽;换螺纹刀加工 M2、M1 螺纹;换切断刀切断。

三、计算螺纹各部分尺寸

(一)M27×2 螺纹

车削 M27×2 外圆柱面的直径:$d_{计}=d-0.1P=28-0.1\times2=27.8$(mm);

螺纹实际牙型高度:$h_1=1.3$ mm;

首次切削量:0.9 mm;

螺纹实际小径:$d_1=d-1.3P=28-1.3\times2=25.4$(mm);

M27×2 进刀引入(加速段)长度:$\delta_1=4$ mm。

(二)M22×1.5 螺纹

实际车削 M22×1.5 外圆柱面的直径:$d_{计}=d-0.1P=22-0.1\times1.5=21.85$(mm);螺

纹加工分四刀切削,每次切削量分别为 0.8 mm、0.5 mm、0.5 mm、0.15 mm;M22×1.5 螺纹实际小径:$d_{1计} = d - 1.3P = 22 - 1.3 × 1.5 = 20.05(\text{mm})$;M22×1.5 进刀引入(加速段)长度:$\delta_1 = 3$ mm;M22×1.5 退刀引出(减速段)长度:$\delta_2 = 2.5$ mm。

四、确定主轴转速

主轴转速按规定计算后适当减小,$n \leqslant 1\,200/P - K = 1\,200/2 - 80 = 520$,取 400 r/min。

五、确定加工顺序

先加工退刀槽后加工螺纹,最终得出的螺纹零件数控加工工序卡见表 5-2。刀具卡见表 5-3。

表 5-2 数控加工工序卡

数控加工工序卡片		(厂名)		零件名称	螺纹零件	零件号	
		材料		45 钢		程序号	
		夹具名称		三爪卡盘		使用设备	FANUC 0i 车床
工序号	1		编制			车间	数控车间
工步	工步内容	刀具		切削用量			量具
		编号	名称	主轴转速 $n/(\text{r}\cdot\text{min}^{-1})$	进给量 $f/(\text{mm}\cdot\text{r}^{-1})$	背吃刀量 a_p/mm	编号 名称
1	车端面	T01	R0.4 mm 外圆粗车刀	800	0.3	2	1 游标卡尺
2	粗车外圆	T01	R0.4 mm 外圆粗车刀	800	0.3	2	1 游标卡尺
3	精车外圆	T02	R0.2 mm 外圆精车刀	1 200	0.15	0.5	2 千分尺
4	车槽	T03	R1.5 mm×3 mm 切槽刀	400	0.05		1 游标卡尺
5	螺纹加工	T04	60°螺纹刀	400	1.5		3 螺纹通止规
6	切断加工	T05	3 mm 切断刀	400	0.15		

表 5-3 数控加工刀具卡

数控加工刀具卡片		(厂名)	零件名称	螺纹零件	零件号		
			程序号		编制		
序号	刀具号	刀片规格	刀具尺寸		补偿地址		
			刀尖半径/mm	刀杆规格/(mm×mm)	半径/mm	形状	
1	T01	外圆粗车刀(刀尖角为 55°)	0.4	20×20	0.4	#0001	
2	T02	外圆精车刀(刀尖角为 35°)	0.2	20×20	0.2	#0002	
3	T03	R1.5 mm×3 mm 切槽刀		20×20		#0003	
4	T04	60°螺纹刀		20×20		#0004	
5	T05	3 mm 切断刀		20×20			

六、编写加工程序

螺纹零件参考程序（FANUC 0i 系统）见表 5-4。

表 5-4　　　　　　　　　　　　　　　螺纹零件参考程序

程序	说明
G40 G97 G99；	取消刀具半径补偿、主轴恒转速、每转进给量
M04 S600 F0.25；	
T0101；	调用1号刀具并建立以1号刀具为基准的零件坐标系
M08；	
G00 X35 Z2；	
G71 U1.5 R0.5；	
G71 P50 Q100 U0.5 W0.05；	
N50 G00 X0；	
G01 G42 Z0；	
X19；	
X21.85 Z−1.5；	
Z−20；	
X23；	
X26.8 Z−22；	
Z−40；	
X32；	
N100 G01 G40 X35；	
G00 X200 Z100；	
M09；	
M05；	
G00 X200 Z100；	
T0202；	调用2号刀具
M04 S1200 F0.15；	
G00 Z2；	
G70 P70 Q170；	
G00 X200 Z100；	
M09；	
M05；	
M01；	
T0303；	调用3号切槽刀

续表

程序	说明
M04 S400 F0.05；	
M08；	
G00 X28 Z−20；	
G01 X19；	
G04 U2.0；	
G01 X28；	
M09；	
M05；	
G00 X200 Z100；	
T0404；	调用4号刀具
M03 S400；	
M08；	
G00 X23 Z3；	
G92 X21.2 Z−18 F1.5；	
X20.7；	
X20.2；	
X20.05；	
X20.05；	
G00 X28；	
Z−16；	
G76 P021060 Q50 R0.1；	
G76 X24.4 Z−35.0 P1.3 Q450 F2.0；	
M09；	
M05；	
T0303	
M03 S400 F0.05；	
M08；	
G00 X34 Z−54.4；	
G01 X0；	
G00 X200 Z100；	
M30；	

拓展训练

1. 对如图 5-15 所示零件进行工艺分析，并编写加工程序。

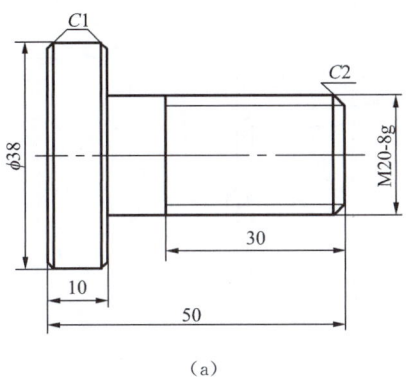
（a）

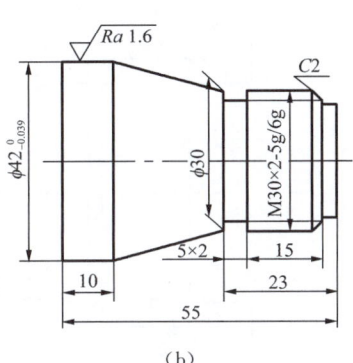
（b）

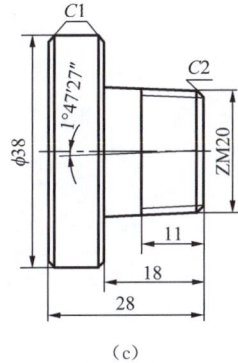
（c）

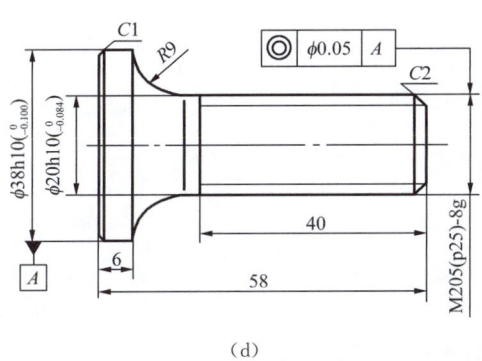
（d）

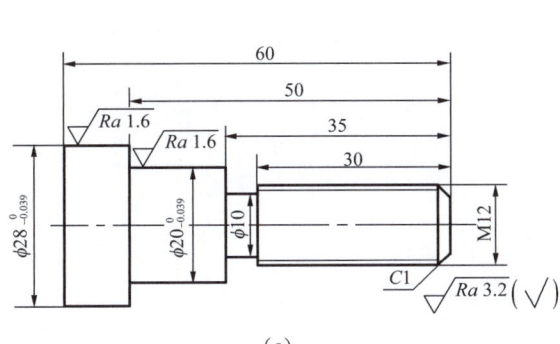
（e）

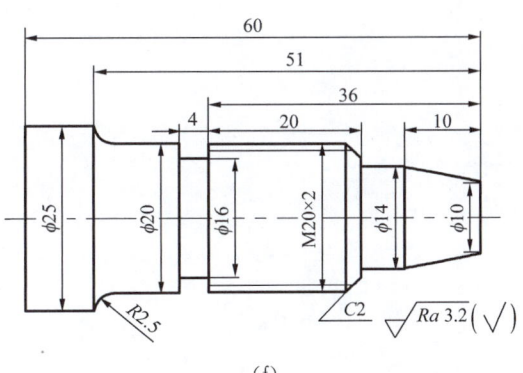
（f）

图 5-15　题 1 图

2. 如图 5-16 所示，用 G76 指令加工螺纹 ZM60×2，其中括号内的尺寸根据相关标准获得。

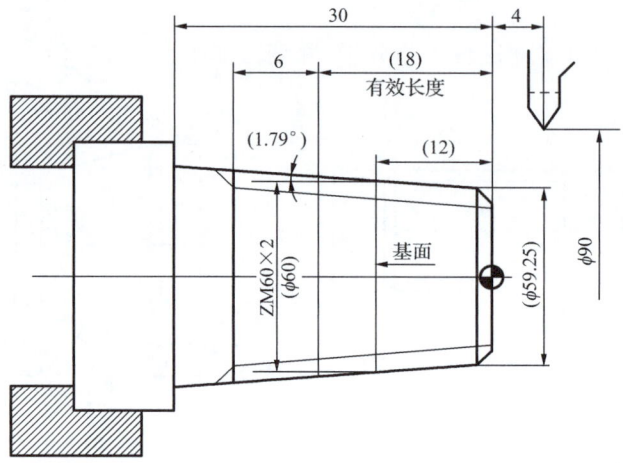

图 5-16　题 2 图

项目 6
内套、内腔加工

◆ **学习目标**

知识目标

掌握内套、内腔数控车削工艺制定方法。
掌握内孔刀、内槽刀和内螺纹刀的安装方法和对刀方法。
掌握内孔刀、内槽刀和内螺纹刀的走刀路线与外轮廓加工时的区别。
掌握内孔、内孔槽和内螺纹的数控加工程序编写的方法

能力目标

能根据图纸合理制定套类零件的数控加工工艺。
能在加工中正确选择和安装内孔刀、内槽刀和内螺纹刀,避免发生刀具干涉。
能在加工中完成内孔刀、内槽刀和内螺纹刀的对刀操作。
能在机床上完成内腔内套的精度加工,并达到表面粗糙度要求。

素质目标

培养吃苦耐劳、精益求精、严谨专注的工匠精神。
具有安全生产和技能环保意识。
培养学生的爱岗爱国、团结合作精神。

加工任务

图 6-1 所示为相互配合的轴套类零件。在实际生产中,轴与内孔配合性质不同,可满足不同的使用要求,内孔加工也是常见的生产方式。下面通过完成加工任务,掌握内孔的加工特点,内孔刀的安装及对刀,编制内孔数控加工程序特点以及编程的基本规范。

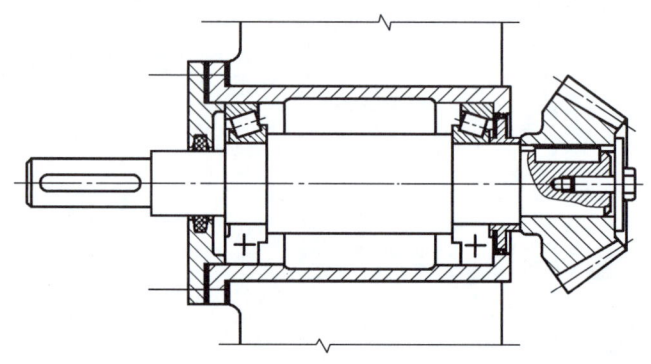

图 6-1 轴套类零件

如图 6-2 所示,轴套零件结构要素有内孔、内槽、内螺纹等。毛坯为外轮廓和端面都已经加工好的长度为 50 mm 的棒料,材料为 45 钢,请完成零件的数控加工。

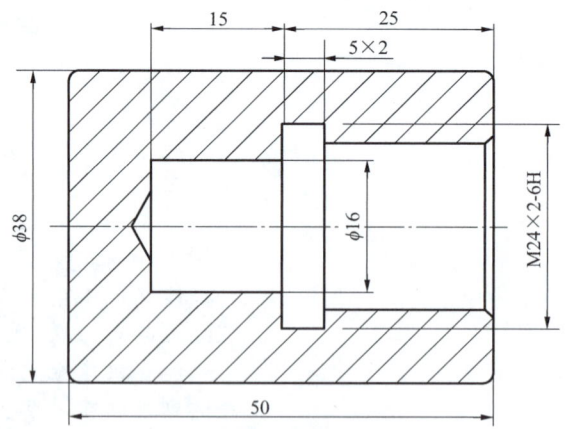

图 6-2 轴套零件图

机械设备上有各种类似轴承套、齿轮及带轮等带内套及内腔的零件,因支撑、连接、配合的需要,一般将它们做成带圆柱的孔或内锥、内沟槽、内螺纹等的结构,这类零件统称为内套、内腔类零件。

项目6 内套、内腔加工

知识准备

一、内腔的加工方法

内腔加工的最基本加工是孔的加工。孔有不同的精度和表面质量要求,也有不同的结构尺寸,如通孔、盲孔、阶梯深孔、浅孔、大直径孔、小直径孔等。常用的孔加工方法有钻孔、扩孔、铰孔、镗孔、拉孔、磨孔、研磨孔、珩磨孔、滚压孔等。下面简要介绍前五种方法。

孔的加工工艺基础

(一)钻孔

用钻头在零件实体部位加工孔称为钻孔。钻孔属于粗加工,可达到的尺寸公差等级为 IT11~IT12 级,表面粗糙度值为 $Ra12.5\ \mu m$。钻孔时,钻头容易偏斜,内径容易扩大,轴向力大等,获得的孔的表面质量较差。因此,当钻孔直径 $d>30\ mm$ 时,一般分两次进行钻削,第一次钻出 $(0.5\sim0.7)d$,第二次钻孔到所需的孔径。

(二)扩孔

扩孔是用扩孔钻对已钻出的孔做进一步加工,以扩大孔径并提高精度和减小表面粗糙度值。扩孔可达到的尺寸公差等级为 IT10~IT11 级,表面粗糙度值为 $Ra6.3\ \mu m \sim Ra12.5\ \mu m$。扩孔属于孔的半精加工方法,常作为铰削前的预加工,也可作为精度不高的孔的终加工。

与钻孔相比,扩孔的导向性好,刚性较好,切削条件较好。

(三)铰孔

铰孔是对未淬硬孔进行精加工的一种方法。铰孔的尺寸公差等级可达 IT6~IT9 级,表面粗糙度值可达 $Ra0.1\sim3.2\ \mu m$。铰孔的方式有机铰和手铰两种。铰孔的余量很小,一般粗铰余量为 0.15~0.25 mm,精铰余量为 0.05~0.15 mm。铰削应采用低切削速度,以免产生积屑瘤和引起振动,一般粗铰 $v_c=4\sim10\ m/min$,精铰 $v_c=1.5\sim5\ m/min$。机铰的进给量比钻孔时高 3~4 倍,一般可取 0.5~1.5 mm/r。

(四)镗孔

镗孔是很经济的孔加工方法,一般广泛地应用于单件、小批量生产。生产中的非标准孔、大直径孔、精确的短孔、不通孔和有色金属孔等,一般多采用镗孔。镗孔既可以作为粗加工,也可以作为精加工。镗孔是修正孔中心线偏斜的有效方法,有利于保证孔的坐标位置。镗孔的尺寸公差等级一般可达 IT6~IT9 级,表面粗糙度值为 $Ra0.4\sim3.2\ \mu m$。

(五)拉孔

拉孔是一种高效率的精加工方法,除拉削圆孔外,还可拉削各种截面形状的通孔及内键槽。拉削圆孔可达的尺寸公差等级为 IT7~IT9 级,表面粗糙度值为 $Ra0.4\sim1.6\ \mu m$。

常用的孔加工方法的公差等级、表面粗糙度及适用范围见表 6-1。

表 6-1　　　　　　　　　　　　　　　孔加工方法

序号	加工方法	公差等级/级	表面粗糙度 $Ra/\mu m$	适用范围
1	钻	IT11～IT13	12.5～50	加工未淬火钢及铸铁的实心毛坯，有色金属。孔径小于15～20 mm
2	钻→铰	IT8～IT10	3.2～6.3	
3	钻→粗铰→精铰	IT7～IT8	0.8～1.6	
4	钻→扩	IT10～IT11	0.2～0.8	加工未淬火钢及铸铁的实心毛坯，有色金属。孔径小于15～20 mm
5	钻→扩→铰	IT8～IT9	6.3～12.5	
6	钻→扩→精铰→粗铰	IT7	1.6～3.2	
7	钻→扩→机铰→手铰	IT6～IT7	0.2～0.4	
8	钻→扩→拉	IT7～IT9	0.1～1.6	大批大量生产(精度由拉刀的精度决定)
9	粗镗(或扩孔)	IT11～IT13	6.3～12.5	除淬火钢外的各种材料，毛坯有铸出孔或锻出孔
10	粗镗(粗扩)→半精镗(精扩)	IT9～IT10	1.6～3.2	
11	粗镗(粗扩)→半精镗(精扩)→精镗(铰)	IT7～IT8	0.8～1.6	
12	粗镗(粗扩)→半精镗(精扩)→精镗→浮动镗刀精镗	IT6～IT7	0.4～0.8	
13	粗镗(扩)→半精镗→磨孔	IT7～IT8	0.2～0.8	主要用于淬火钢，但不宜用于有色金属
14	粗镗(扩)→半精镗→粗磨→精磨	IT6～IT7	0.1～0.2	
15	粗镗→半精镗→精镗→精细镗	IT6～IT7	0.05～0.4	主要用于精度要求高的有色金属
16	钻→(扩)→粗镗→精镗→珩磨；钻→(扩)→拉→珩磨；粗镗(扩)→半精镗→粗磨→珩磨	IT6～IT7	0.025～0.2	精度要求很高的孔
17	以研磨代替上述方法中的珩磨	IT5～IT6	0.006～0.1	

二、内腔的加工工艺

内孔加工时，刀具伸出较长，刚度较差。因此加工时，在保证内孔加工长度的前提下，刀具伸出越小越好。在保证刀具进入孔内正常加工的前提下，刀杆及刀头部分的尺寸尽量取大些，以增强刚度。当刀具头部尺寸小于内孔直径时，还需注意刀杆部分是否碰触零件内壁。同时对于切削用量的选择，如进给量和背吃刀量的选择应较切削外轮廓时稍小。

加工小孔零件时，由于车孔刀刀杆较细，径向力基本相同，刀杆变形也基本相同，不会对零件造成太大的误差。垂直方向虽然比较敏感，但实际加工时不需要计算。加工时，一般首先考虑采用一把刀具几组刀补的方法来编写，另外要尽量选用较短的内刀，以提高刀杆的刚性。

刀具安装不正确(如刀尖与主轴旋转中心不等高)会导致孔径偏差，这种误差会出现在车削阶梯内孔或孔径较小的零件中。这种误差可以通过重新调刀，让刀具刀尖的位置尽量和主轴旋转中心线保持一致来消除。

刀具的磨损也会造成加工误差，一般表现为刀具初磨损阶段和剧烈磨损阶段，这种误差因素只需在安装刀具前认真用磨石修磨刀具,并及时更换不能修复的刀具就可避免。

孔的各段孔径不同,造成刀具在切削不同段时的受力不同,导致孔径的偏差不同。在数控加工编程时,应考虑自动加工的方法,尽可能使各段孔径一致。

为减小夹紧力对套筒变形的影响,工艺上可以采取以下措施:改变夹紧力的方向,即将径向夹紧改为轴向夹紧,使夹紧力作用在零件刚性较强的部位;当需要径向夹紧时,为减小夹紧变形和使变形均匀,应尽可能使用径向夹紧力沿圆周均匀分布,加工中可用过渡套或弹性套及扇形爪来满足要求;制造工艺凸边或工艺螺纹,以减小夹紧变形。

当加工余量过大时,刀具的高速、连续切削使零件散热较慢,各段孔径的偏差相同,但冷却至常温后,不同的孔径段收缩情况不同,从而导致不同的偏差。这种误差可以通过切削液来消除,同时加工时粗、精加工应分开进行。使粗加工产生的热变形在精加工中得到纠正。并应严格控制精加工的切削用量,以减小零件加工时的变形。

内轮廓切削时切削液不易进入切削区域,切屑不易排出,切削温度可能会较高,因此镗深孔时可以采用工艺性退刀,促进切屑排出。

内轮廓加工工艺常采用"钻→粗镗→精镗"加工方式,孔径较小时也可采用手动方式或 MDI 模式下"钻→铰"方式加工。

大锥度锥孔表面加工可采用固定循环编程或子程序编程,一般直孔和小锥度锥孔可采用钻孔后镗削的方式加工。

零件精度较高时,按粗、精加工交替进行内、外轮廓切削,以保证几何精度。

任务执行

一、编制工艺文件

图 6-1 所示零件的数控加工工序卡见表 6-2,刀具调整卡见表 6-3。

定位套的编程和加工

表 6-2 轴套零件数控加工工序卡

(厂名)		零件名称		轴套		零件号			
数控加工工序卡片		材料		45 钢		程序号			
		夹具名称		三爪卡盘		使用设备		FANUC 0i 车床	
工序号	1	编制				车间		数控车间	
工步	工步内容	刀具		切削用量			量具		
		编号	名称	主轴转速 $n/(\text{r}\cdot\text{min}^{-1})$	进给量 $f/(\text{mm}\cdot\text{r}^{-1})$	背吃刀量 a_p/mm		编号	名称
1	底孔加工		钻头	300	0.3			1	游标卡尺
2	粗加工内孔	T01	内孔粗车刀	800	0.2	2		1	游标卡尺
3	精加工内孔	T02	外孔精车刀	1 200	0.1	2		1	游标卡尺
4	切槽加工	T03	内槽刀	1 000				2	内槽卡尺
5	内螺纹加工	T04	内螺纹刀	600	2	0.5~0.08		3	螺纹规

安装号	加工工步安装简图	刀具简图	完成内容
1			底孔加工
2			粗加工内孔
3			精加工内孔
4			切槽加工
5			内螺纹加工

表 6-3　　　　　　　　　　　　　轴套零件刀具调整卡

（厂名）		零件名称		轴套		零件号	
数控加工刀具卡片		程序号				编制	
序号	刀具号	刀片规格	刀具尺寸			补偿地址	
			刀尖半径/mm	刀杆规格/mm		半径/mm	形状
1	T01	内孔粗车刀	0.8	10			#0001
2	T02	内孔精车刀	0.2	10			#0002
3	T03	内槽刀	0.2	10		2	#0003
4	T04	内螺纹刀		10			#0004

二、编写加工程序

内孔加工参考程序（FANUC 0i 系统）见表 6-4。

表 6-4　　　　　　　　　　　　　内孔加工参考程序

程序	说明
O0601	内孔加工程序
T0101；	调用并建立以 1 号刀为基准的零件坐标系
G00 X60 Z100；	将刀具移动到安全位置
M04 S800；	主轴反转,转速为 800 r/min
G00 X12 Z1；	移动至内孔加工循环起点
G71 U1.5 R0.5 P70 Q130 U−0.4 Z0.05 F0.2；	粗加工参数设定
G00 Z100；	刀具先从孔底退出
X60；	
T0202；	更换精加工刀具
M04 S1200；	主轴反转,转速为 1 200 r/min
G00 X12 Z1；	
N70 G00 X22.5；	精加工轮廓起始行
G42 G01 Z1 F0.1；	以工进方式接触零件
X20 Z−1；	加工端面并倒角 1 mm
Z−25；	加工 ϕ20 mm 内孔,长度为 ϕ25 mm
X16；	移动到 ϕ16 mm
Z−40；	加工 ϕ16 mm 内孔,长度为 ϕ15 mm
N130 G40 X12；	退刀
G00 Z1；	将刀具退出零件
X60 Z100；	返回安全位置
M05；	主轴停转
M30；	程序结束

注意

内孔加工循环同外圆加工循环类似,但是有两点区别:一是循环起始点设置在内部,二是 X 轴方向的精加工余量为负值。

G71 指令格式:G71 UΔd Re；

G71 Pns Qnf UΔu WΔw Ff Ss Tt；

说明:Δu 表示 X 轴方向的精加工余量,直径值,加工内孔时候为负;

循环起点,加工内孔时在内部。

内切槽加工(FANUC 0i 系统)参考程序见表 6-5。

表 6-5　内切槽加工参考程序

程序	说明
O0602	内切槽加工程序
T0303；	调用并建立以 3 号刀具为基准的零件坐标系
M04 S1000；	主轴反转,转速为 1 000 r/min
G00 X18 Z1；	移动至内孔外沿
Z－22；	移动至内槽循环起点
G94 X24 Z－22 F0.1；	切槽循环
X24 Z－25；	切槽
G00 Z1；	退出内孔
X60 Z100；	返回安全点
M05；	主轴停转
M30；	程序结束

从以上程序可以看出：

（1）内沟槽的车削方法与外沟槽的车削方法相似,对于宽度较小的内沟槽,可以将内沟槽刀宽度磨成与槽宽相等,然后用直进法一次车削完成；对于宽度较大的内沟槽则采用排刀法分几次完成。

（2）内槽加工是难点,主要原因是刀具刚性和切削条件差。但一般内槽的加工精度要求不高,表面粗糙度要求也不高,所以其加工编程并不难。影响加工精度的主要因素是刀具的刃磨和对刀。

（3）用内槽刀排切时应有压刀和最后精车。

（4）由于内槽刀前端刀头悬出,其强度最差,因此应注意进给量要非常小,转速不要太高。

（5）内孔槽加工与内孔加工相同,在加工结束后要注意将刀具退到零件以外,防止发生碰撞。

（6）内槽加工与外槽加工类似,可以采用 G94、G01 指令

内螺纹加工（FANUC 0i 系统）参考程序见表 6-6。

表 6-6　内螺纹加工参考程序

程序	说明
O0604	内螺纹加工程序
T0404；	调用并建立以 4 号刀为基准的零件坐标系
G00 X60 Z100；	将刀具移动到安全位置
M04 S600；	主轴反转,转速为 600 r/min
G00 X20 Z5；	移动至内螺纹循环起点
G92 X22.3 Z－22 F2；	螺纹加工第一次
X22.9 Z－22；	螺纹加工第二次

续表

程序	说明
X23.5 Z-22；	螺纹加工第三次
X23.9 Z-22；	螺纹加工第四次
X24 Z-22；	螺纹加工第五次
X24 Z-22；	精修螺纹
G00 Z1；	退出零件表面
X60 Z100；	返回安全点
M05；	主轴停转
M30；	程序结束

> **注意**：内螺纹加工同外螺纹加工方法完全相同，只是在加工外螺纹时 X 轴方向进给是由大到小，而内螺纹加工是由小到大。

内螺纹加工由于刀具受到刀杆直径的限制，容易产生变形和振动。在加工时，进刀深度和转速不宜过大；在加工完成后，同加工内孔一样要先退到零件外侧再返回安全点。

拓展训练

1. 如图 6-3 所示，编写内腔、内螺纹零件的加工程序，并在计算机上进行模拟加工。图 6-3(a)所示零件毛坯尺寸为 φ42 mm×60 mm，图 6-3(b)所示零件毛坯尺寸为 φ80 mm×40 mm。

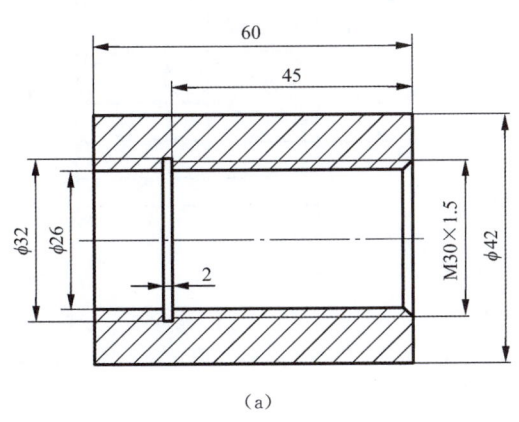
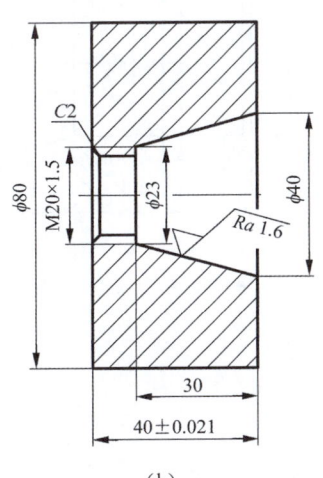

(a)   (b)

图 6-3　题 1 图

2. 如图 6-4 所示,编写零件的内成形面及内螺纹加工程序,并在计算机上进行模拟加工。图 6-4(a)所示零件毛坯尺寸为 $\phi80$ mm×60 mm,图 6-4(b)所示零件毛坯尺寸为 $\phi80$ mm×40 mm。

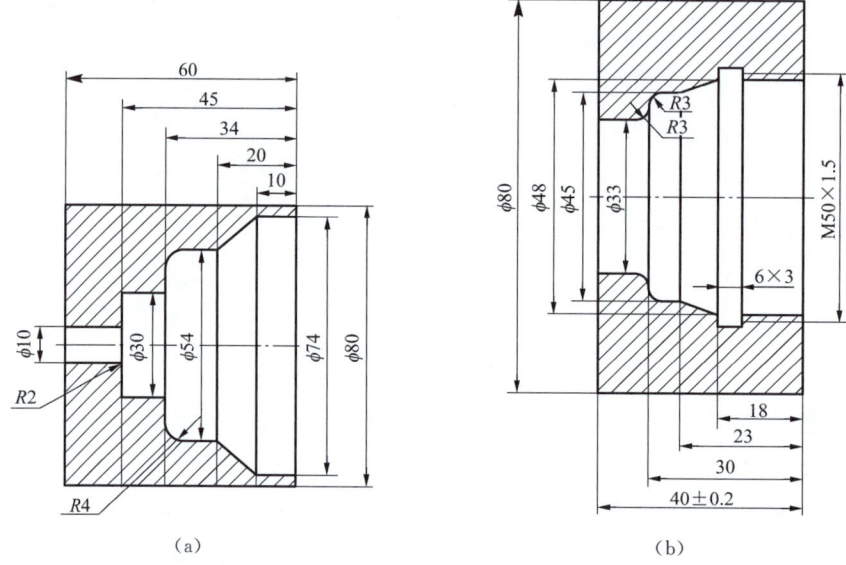

图 6-4 题 2 图

3. 如图 6-5 所示,编写零件的内腔、内螺纹加工程序,并在计算机上进行模拟加工。图 6-5(a)所示零件毛坯尺寸为 $\phi60$ mm×76 mm,图 6-5(b)所示零件毛坯尺寸为 $\phi40$ mm×33 mm。

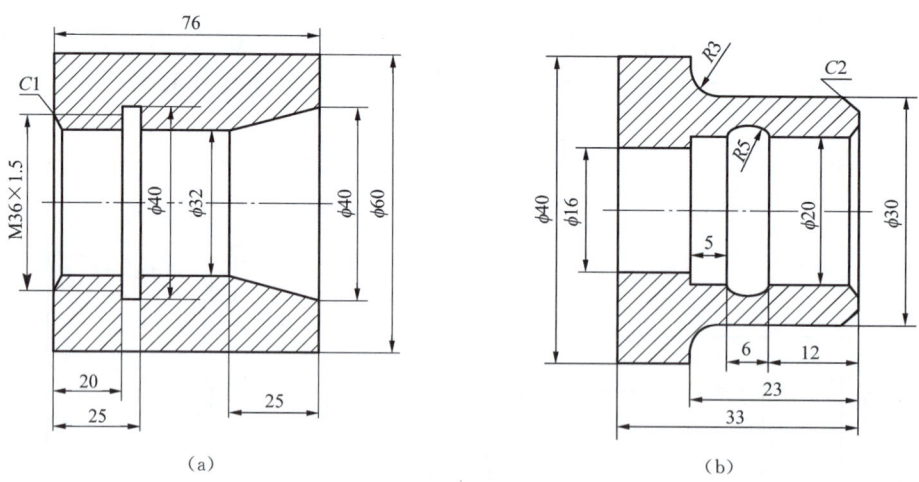

图 6-5 题 3 图

项目 7
宏程序编程

◆ 学习目标

知识目标

掌握宏程序的用途。
掌握宏程序变量的定义和赋值方法。
掌握宏程序的结构。
掌握宏程序的调用和返回的方法。
掌握数控加工编程中合理使用宏程序的方法。

能力目标

能根据图纸合理选择宏程序编程。
能在编程中进行宏程序的正确编写和调用。
能在机床上完成特殊二次曲线的精度加工，并达到表面粗糙度要求。

素质目标

培养吃苦耐劳、精益求精、严谨专注的精神。
培养爱岗爱国、团结合作精神。
培养勇于探究与实践的科学精神。

加工任务

如图 7-1 所示,手柄零件的毛坯材料为 45 钢,试完成零件的数控加工。

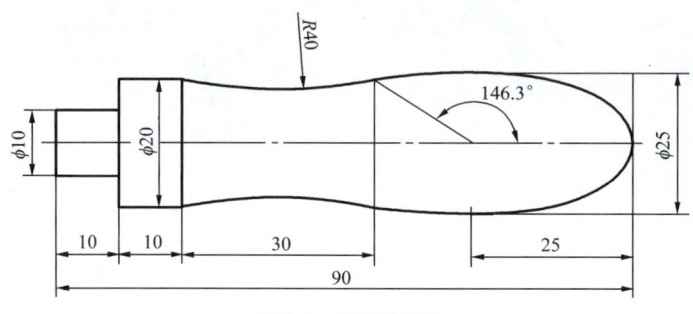

图 7-1 手柄零件图

知识准备

一、变量及其运算

含有变量的子程序称为用户宏程序,在程序中调用宏程序的指令称为用户宏指令(G65)。

宏程序通过编辑变量来改变刀具路线和刀具位置,适用于形状一样、尺寸不同的系列零件;工艺路线一样、位置数据不同的系列零件;抛物线、椭圆和双曲线等没有插补指令的曲线编程。

用户宏程序的简介和变量

(一)变量

用一个可赋值的代号代替具体的坐标值,这个代号称为变量。变量分为系统变量、公共变量和局部变量,它们的性质和用途各不相同。

1. 系统变量

系统变量指固定用途的变量,它的值决定系统的状态。例如,FANUC 中的系统变量为 #1000～#1015、#1032 和 #3000 等。

2. 公共变量

公共变量指在主程序内和由主程序调用的各用户宏程序内公用的变量。例如,FANUC 中有 600 个公共变量,它们分两组:一组是 #100～#199,另一组是 #500～#999。当断电时,变量 #100～#199 初始化为空,变量 #500～#999 的数据保存,即使断电数据也不丢失。

3. 局部变量

局部变量指仅在用户宏程序内使用的变量。同一个局部变量在不同的宏程序内其值是不通用的。例如,FANUC 中有 33 个局部变量,分别为 #1～#33,部分变量的赋值情况见表 7-1。

表 7-1　FANUC 系统部分局部变量赋值情况

赋值代号	变量号	赋值代号	变量号	赋值代号	变量号
A	#1	I	#4	T	#20
B	#2	J	#5	U	#21
C	#3	K	#6	V	#22
D	#7	M	#13	W	#23
E	#8	Q	#17	X	#24
F	#9	R	#18	Y	#25
H	#11	S	#19	Z	#26

（一）变量的运算

对宏程序中的变量可以进行算术运算和逻辑运算。

1. 算术运算

对宏程序中的变量可以进行加、减、乘、除运算。运算功能和格式见表 7-2。

用户宏程序的运算指令

表 7-2　变量运算功能和格式

类型	功能	格式	举例	备注
算术运算	加法	#i=#j+#k	#1=#2+#3	常数可以代替变量
	减法	#i=#j−#k	#1=#2−#3	
	乘法	#i=#j*#k	#1=#2*#3	
	除法	#i=#j/#k	#1=#2/#3	
三角函数运算	正弦	#i=SIN[#j]	#1=SIN[#2]	角度以度指定，例如，35°30′表示为 35.5°，常数可以代替变量
	反正弦	#i=ASIN[#j]	#1=ASIN[#2]	
	余弦	#i=COS[#j]	#1=COS[#2]	
	反余弦	#i=ACOS[#j]	#1=ACOS[#2]	
	正切	#i=TAN[#j]	#1=TAN[#2]	
	反正切	#i=ATAN[#j]	#1=ATAN[#2]	
其他函数运算	平方根	#i=SQRT[#j]	#1=SQRT[#2]	常数可以代替变量
	绝对值	#i=ABS[#j]	#1=ABS[#2]	
	舍入	#i=ROUN[#j]	#1=ROUN[#2]	
	上取整	#i=FIX[#j]	#1=FIX[#2]	
	下取整	#i=FUP[#j]	#1=FUP[#2]	
	自然对数	#i=LN[#j]	#1=LN[#2]	
	指数对数	#i=EXP[#j]	#1=EXP[#2]	

续表

类型	功能	格式	举例	备注
逻辑运算	与	#i=#j AND #k	#1=#2 AND #2	按位运算
	或	#i=#j OR #k	#1=#2 OR #2	
	异或	#i=#j XOR #k	#1=#2 XOR #2	
转换运算	BCD 转 BIN	#i=BIN[#j]	#1=BIN[#2]	
	BIN 转 BCD	#i=BCD[#j]	#1=BCD[#2]	

例如,G00 X[#1+#2],X 坐标的值是变量 1 与变量 2 之和。

2. 三角函数计算

对宏程序中的变量可进行正弦(SIN)、反正弦(ASIN)、余弦(COS)、反余弦(ACOS)、正切(TAN)、反正切(ATAN)函数运算。三角函数中的角度以度为单位。运算功能和格式见表 7-2。

(1)对于反正弦(ASIN)取值范围如下:

当参数(No.6004#0)NAT 位设为 0 时:90°～270°

当参数(No.6004#0)NAT 位设为 1 时:-90°～90°

当#j 超出-1～1 时,发出 P/S 报警(No.111)。

(2)对于反余弦(ACOS)的取值范围为:0°～180°。

当#j 超出-1～1 时,发出 P/S 报警(No.111)。

(3)对于反正切(ATAN)的取值范围如下:

当参数(No.6004#0)NAT 位设为 0 时:0°～360°

当参数(No.6004#0)NAT 位设为 1 时:-180°～180°

3. 其他函数计算

对宏程序中的变量还可以进行平方根(SQRT)、绝对值(ABS)、舍入(ROUN)、上取整(FIX)、下取整(FUP)、自然对数(LN)、指数(EXP)运算。其功能和格式见表 7-2。

对于自然对数 LN[#j],相对误差可能大于 7^{-8}。当#j≤0 时,发出 P/S 报警(No.111)。

对于指数函数 EXP[#j],相对误差可能大于 7^{-8}。当运算结果大于 $3.65×10^{47}$ 时(#j>110),出现溢出并发出 P/S 报警(No.111)。

对于取整函数 ROUN[#j],根据最小设定单位四舍五入。

例如,假设最小设定单位为 1/1 000 mm,#1=1.2345,则#2=ROUN[#1]的值是 1.0。

对于上取整 FIX[#j],绝对值大于原数的绝对值。对于下取整 FUP[#j],绝对值小于原数的绝对值。

例如,假设#1=1.2,则#2=FIX[#1]的值是 2.0。

假设#1=1.2,则#2=FUP[#1]的值是 1.0。

假设#1=-1.2,则#2=FIX[#1]的值是-2.0。

假设#1=-1.2,则#2=FUP[#1]的值是-1.0。

4. 逻辑运算

对宏程序中的变量可进行与、或、异或逻辑运算,逻辑运算是按位进行的。

5. 转换运算

变量可以在 BCD 码与二进制之间转换。

6. 关系运算

由关系运算符和变量(或表达式)组成表达式。系统中使用的关系运算符如下:

(1)等于(EQ)。用 EQ 与两个变量(或表达式)组成表达式,当运算符 EQ 两边的变量(或表达式)相等时,表达式的值为真,否则为假。

例如,♯1 EQ ♯2,当♯1 与♯2 相等时,表达式的值为真。

(2)不等于(NE)。用 NE 与两个变量(或表达式)组成表达式,当运算符 NE 两边的变量(或表达式)不相等时,表达式的值为真,否则为假。

例如,♯1 NE ♯2,当♯1 与♯2 不相等时,表达式的值为真。

(3)大于(GT)。用 GT 与两个变量或表达式组成表达式,当左边的变量(或表达式)大于右边的变量(或表达式)时,表达式的值为真,否则为假。

例如,♯1 GT ♯2,当♯1 大于♯2 时,表达式的值为真,否则为假。

(4)小于(LT)。用 LT 与两个变量(或表达式)组成表达式,当左边的变量(或表达式)小于右边的变量(或表达式)时,表达式的值为真,否则为假。

例如,♯1 L7 ♯2,当♯1 小于♯2 时,表达式的值为真,否则为假。

(5)大于或等于(GE)。用 GE 与两个变量(或表达式)组成表达式,当左边的变量(或表达式)大于或等于右边的变量(或表达式)时,表达式的值为真,否则为假。

例如,♯1 GE ♯2,当♯1 大于或等于♯2 时,表达式的值为真,否则为假。

(6)小于或等于(LE)。用 LE 与两个变量(或表达式)组成表达式,当左边的变量(或表达式)小于或等于右边的变量(或表达式)时,表达式的值为真,否则为假。

例如,♯1 LE ♯2,当♯1 小于或等于♯2 时,表达式的值为真,否则为假。

7. 运算优先级

运算符的优先顺序如下:

(1)函数。函数的优先级最高。

(2)乘、除、与运算。乘、除、与运算的优先级次于函数的优先级。

(3)加、减、或、异或运算。加、减、或、异或运算的优先级次于乘、除、与运算的优先级。

(4)关系运算。关系运算的优先级最低。

用方括号可以改变优先级,括号不能超过 5 层,当括号超过 5 层时,会发出 P/S 报警(No.111)。

8. 变量值的精度

变量值的精度为 8 位十进制数。

例如,用赋值语句♯1=9876543210123.456 时,实际上♯1=9876543200000.000。

用赋值语句♯1=9876543277777.456 时,实际上♯1=9876543300000.000。

二、宏程序结构

宏程序从结构上可以有顺序结构、分支结构和循环结构。下面介绍分支结构和循环结构的实现方法。

(一)无条件转移(GOTO)

格式:GOTO n;　　n 为顺序号(1～9 999)

例如:GOTO 6;

　　……

　　N6 G00 X100;

表示执行 GOTO 6 语句时,转去执行标号为 N6 的程序段。

用户宏程序的控制指令

(二)条件转移(IF)

(1)格式:IF[关系表达式];

　　　　GOTO n;　　n 为顺序号(1～9 999)

例如:IF [♯1 LT 30];

　　　GOTO 7;

　　　……

　　　N7 G00 X100 X5;

表示如果♯1 小于 30,转去执行标号为 N7 的程序段,否则执行 GOTO 7 下面的语句。

(2)格式:IF[表达式]　THEN

THEN 后只能跟一个语句。

例如,IF[♯1 EQ ♯2]THEN♯3=0;

当♯1 等于♯2 时,将 0 赋给变量♯3。

(三)循环(WHILE)

格式:WHILE[关系表达式]DO m;　　m 为宏程序号

　　　……

　　　END m;

当条件表达式成立时,执行从 DO 到 END 之间的程序,否则转去执行 END 后面的程序段。

例如:♯1=5;

　　　WHILE[♯1 LE 30] DO1;

　　　　♯1=♯1+5;

　　　　G00 X♯1 Y♯1;

　　　END1;

　　　M99;

当♯1 小于或等于 30 时,执行循环程序,当♯1 大于 30 时结束循环返回主程序。

三、宏程序的调用与返回

(一)宏程序的简单调用

宏程序的简单调用指在主程序中,宏程序可以被单个程序段单次调用。

格式:G65 P(宏程序号) L(重复次数、变量分配)

说明:

G65:宏程序调用指令;

P:后面的数字为宏程序号,被调用的宏程序代号;

L:重复次数,宏程序重复运行的次数,重复次数为1时,可省略不写;变量分配,为宏程序中使用的变量赋值。

宏程序与子程序相同点:一个宏程序可被另一个宏程序调用,最多嵌套4层。

(二)宏程序的开始与返回

宏程序的编写格式与子程序相同,其格式为

O0010   0001~8999 为宏程序号程序名
N10 ……
……
N30 M99;   宏程序结束

宏程序以程序号开始,以 M99 结束。

任务执行

一、分析零件结构

手柄零件轮廓中有长半轴为 25 mm、短半轴为 12.5 mm 的椭圆,需要用宏程序加工。

在数控车床上椭圆的标准方程为

$$X^2/12.5^2 + Z^2/25^2 = 1$$

当编程原点与椭圆中心不重合时,需进行坐标平移,得到新的方程为

$$X^2/12.5^2 + (Z+25)^2/25^2 = 1$$

椭圆手柄的曲线方程的另一种表达方式(参数方程)为

$$X = 12.5\sin\alpha$$
$$Z = 25\cos\alpha - 25$$

二、设置变量

根据以上分析,变量设置如下:

♯100:椭圆 X 轴方向半轴的长度 a;

♯101:椭圆 Z 轴方向半轴的长度 b;

♯102:自变量角度 α;

♯103：$a\sin\alpha$；

♯104：$b\cos\alpha$；

♯105：椭圆上各点在编程坐标系中的 X 坐标；

♯106：椭圆上各点在编程坐标系中的 Z 坐标。

三、编制加工程序

宏程序参考程序（FANUC 0i 系统）见表 7-3。

表 7-3　　　　　　　　　　宏程序参考程序

程序	说明
O0702	程序号
T0101；	调用粗加工刀具
M04 S800；	主轴正转,转速为 800 r/min
G00 X30 Z5；	
G73 U10 W1 R10；	
G73 P10 Q200 U0.5 W0.1 F0.2；	
N10 ♯100＝12.5；	短半轴赋值
♯101＝25；	长半轴赋值
♯102＝0；	自变量角度 α 赋值
N40 ♯103＝♯100＊SIN[♯102]；	
♯104＝♯101＊COS[♯102]；	
♯105＝2＊♯103；	X 坐标因变量
♯106＝♯104－25；	Z 坐标因变量
G01 X♯105 Z♯106 F0.1；	直线轨迹拟合
♯102＝♯102＋1；	自变量角度增量为 1°
IF[♯102 LE 131.8] GOTO 40；	条件判断,极角≤131.8°
G02 X20 Z－70 R40；	
G01 Z－85；	
N200 G00 X45；	
G00 X100 Z100；	
M05；	
M30；	
M00；	
T0202；	调用精加工刀具
M04 S1200；	
G00 X30 Z5；	
G70 P10 Q200；	
G00 X100 Z100；	
M05；	
M30；	程序结束

拓展训练

1. 如图 7-2 所示，用宏程序数控编程加工椭圆零件，零件材料为 45 钢，毛坯为 $\phi30$ mm 棒料。

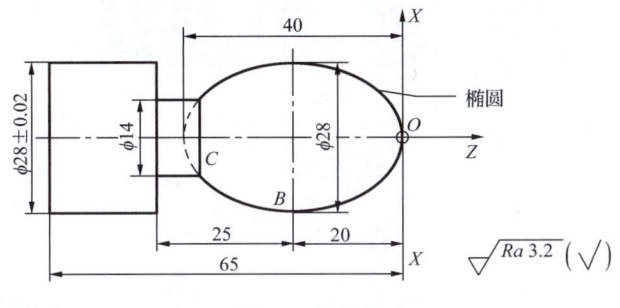

图 7-2 题 1 图

2. 如图 7-3 所示，用宏程序数控编程编制凸模曲线（双曲线）的精加工程序，材料为 45 钢，毛坯为 $\phi45$ mm 棒料。

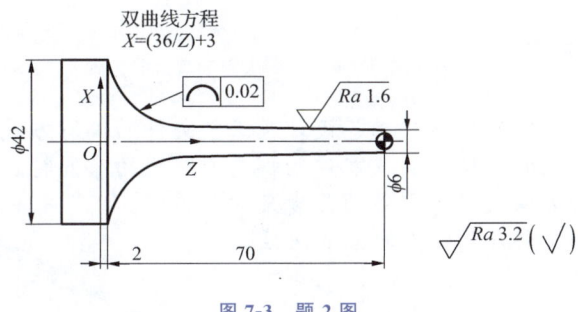

图 7-3 题 2 图

项目 8
数控车削强化训练（中级）

◆ 学习目标

知识目标

熟悉中级工零件的车削工艺分析、工艺设计及工艺文件的编写方式。
掌握左、右端接刀位置的处理方法及零件两端走刀路线的布置特点。
掌握二次装夹找正的方法及保证零件的长度尺寸的方法。
掌握综合轴类零件加工程序的编写特点和方法。

能力目标

能根据图纸合理制定中级工零件的整体加工工艺。
能在加工中对零件进行掉头装夹和精度加工。
能对中级工零件选择合理的检验工具进行精度和表面粗糙度测量。
能对零件的加工质量进行分析并进行改进。
具有较好的分析和解决加工中出现的问题的能力。

素质目标

培养吃苦耐劳、精益求精、严谨专注的精神。
培养勇于探究与实践的科学精神。
培养爱岗爱国、团结合作精神。

项目8 数控车削强化训练(中级)

加工任务

如图 8-1 所示,复杂外轮廓零件结构要素有球头、锥度、退刀槽和螺纹等。毛坯为 $\phi50$ mm 棒料,材料为 45 钢,用数控车削的加工方法加工该零件。

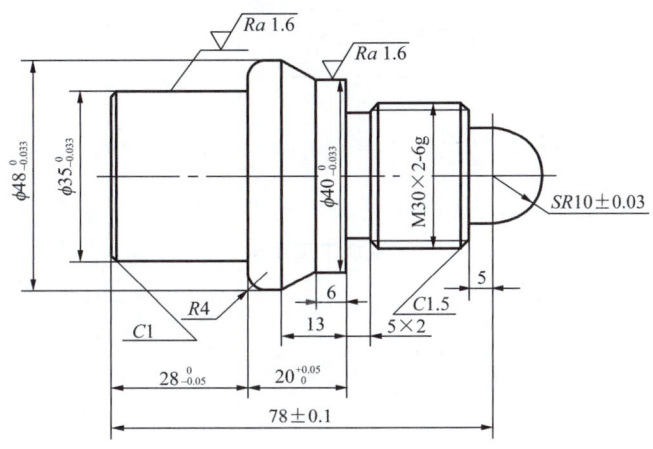

图 8-1 复杂外轮廓零件

任务执行

一、分析零件加工工艺

零件为复杂外轮廓零件,主要由圆柱面、圆锥面、圆弧面、沟槽、螺纹等要素组成。其中 $\phi35$ mm、$\phi48$ mm 外圆和 $\phi40$ mm 外圆尺寸精度要求较高,为 IT7 级,表面粗糙度要求为 $Ra1.6$ μm。另外,M30×2-6g 螺纹精度要求较高,为 6 级精度。需要掉头对两端进行车削加工,材料为 45 钢,无特殊的硬度和热处理要求。

1. 选择毛坯

由于该零件为回转体,形状简单,且精度要求不高,材料加工性能较好,故选择数控车削加工方式即可满足要求。

零件材料为 45 钢,没有特殊的性能要求,而且最大直径为 48 mm,故选择 $\phi50$ mm 棒料直接切削加工。在保证加工余量足够的前提下兼顾经济性原则,同时考虑毛坯的实际规格,最后确定毛坯尺寸规格为 $\phi50$ mm×90 mm。

2. 选择刀具

加工时以 $\phi48$ mm 外圆和 $\phi40$~$\phi48$ mm 锥体交线为分界线;先车削 $\phi35$ mm 一端至 $\phi48$ mm,掉头后车削球头、M30 一端至 $\phi40$~$\phi48$ mm 锥体交线处。

用外圆粗车刀手动切削 $\phi35$ mm 侧端面;然后进行外圆粗加工,径向留 0.8 mm 精车余量,轴向留 0.4 mm 精车余量。

掉头时用铜皮垫(或做 $\phi35$ mm 同心轴套)装夹 $\phi35$ mm 外圆并找正;用外圆粗车刀

手动切削球头侧端面,保证零件长度;然后用外圆粗车刀和精车加工外轮廓至合格尺寸。需要注意的是,这时 5 mm 退刀槽是不需要加工的,外轮廓加工至合格尺寸后用切槽刀加工退刀槽,最后用螺纹刀加工螺纹。

> 该零件包含轮廓、锥度、圆弧、螺纹等的加工,在加工中应注意使用数控机床的刀具半径补偿功能,确保准确的角度及圆弧半径。

二、编制工艺文件

复杂外轮廓零件的数控加工工序卡见表 8-1,刀具卡见表 8-2。

表 8-1　　　　　　　　　　　　　数控加工工序卡

（厂名）		零件名称	复杂外轮廓零件	零件号		
数控加工工序卡片		材料	45 钢	程序号		
		夹具名称	三爪卡盘	使用设备	FANUC 0i 车床	
工序号	1	编制		车间	数控车间	
工步	工步内容	刀具		切削用量			量具	
		编号	名称	主轴转速 $n/(\text{r·min}^{-1})$	进给量 $f/(\text{mm·r}^{-1})$	背吃刀量 a_p/mm	编号	名称
1	车端面	T01	外圆粗车刀	800	0.1	2	1	游标卡尺
2	粗车左侧外轮廓	T01	外圆粗车刀	800	0.2	2	1	游标卡尺
3	精车左侧外轮廓	T02	外圆精车刀	1 200	0.1	0.5	2	千分尺
4	粗车右侧外轮廓	T01	外圆粗车刀	800	0.2	2	1	游标卡尺
5	精车右侧外轮廓	T02	外圆精车刀	1 200	0.1	0.5	2	千分尺
6	切槽加工	T03	切槽刀（刀宽为 5 mm）	600	0.1	3	3	公法线千分尺
7	螺纹加工	T04	螺纹刀	600	1.5	0.1～0.5	4	螺纹规

表 8-2　　　　　　　　　　　　　数控加工刀具卡

（厂名）		零件名称	复杂外轮廓零件	零件号		
数控加工刀具卡片		程序号		编制		
序号	刀具号	刀片规格	刀具尺寸		补偿地址	
			刀尖半径/mm	刀杆规格/(mm×mm)	半径/mm	形状
1	T01	外圆粗车刀（刀尖角 55°）	0.8	20×20		♯0001
2	T02	外圆精车刀（刀尖角 35°）	0.2	20×20		♯0002
3	T03	切槽刀（刀宽为 5 mm）	0.2	20×20		♯0003
4	T04	螺纹刀	0.4	20×20		♯0004

三、编写加工程序

加工外轮廓圆柱螺纹直径 d 时,外圆柱应车削的实际尺寸为
$$d = D - 0.1P = 30 - 0.1 \times 2 = 29.8 (\mathrm{mm})$$

加工外轮廓各尺寸圆柱面时应按公差取其中间值。

计算螺纹的牙深(牙高):
$$H = 0.65P = 0.65 \times 2 = 1.3 (\mathrm{mm})$$

精整次数为2,螺纹高度为1.3 mm,精加工余量为0.2 mm,最小背吃刀量为0.1 mm,第一次背吃刀量为0.9 mm。分5刀切削,依次为0.9 mm、0.6 mm、0.6 mm、0.4 mm、0.1 mm。

复杂外轮廓零件加工参考程序(FANUC 0i 系统)见表 8-3。

表 8-3　　复杂外轮廓加工参考程序

程序		说明
加工左端面		
O0801		程序名
N110	G97 G99 G21;	程序初始
N120	T0101;	调用外圆粗车刀
N130	M03 S800;	主轴正转,转速为 800 r/min
N140	G00 X100 Z100;	到达换刀点
N150	G42 G00 X50 Z3;	快速移动到循环起始点调用半径补偿
N160	G71 U1 R1;	调用外圆粗车循环指令
N170	G71 P180 Q250 U1 W0.1 F0.2;	
N180	G00 X33;	
N190	G01 Z0 F0.06;	
N200	X35 Z−1;	
N210	Z−28;	
N220	X40;	
N230	G03 X48 Z−32 R4;	
N240	G01 Z−37;	
N250	G00 X50;	
N260	G00 X100 Z100;	快速移动到换刀点
N270	M05;	主轴停止
N280	M00;	程序暂停
N290	T0202;	更换外圆精车刀
N300	M03 S1200;	主轴正转,转速为 1 200 r/min
N310	G00 X50 Z2;	快速移动到循环起始点
N320	G70 P180 Q250;	精加工外轮廓

续表

程序		说明
N330	G00 X100 Z150；	快速退刀至换刀点主轴停转
N340	M05；	主轴停止
N350	M30；	程序结束
加工右端面		
O0802		
N410	G97 G99 G21；	程序初始
N420	T0101；	设置调用外圆粗车刀
N430	M03 S800；	主轴正转，转速为 800 r/min
N440	G00 X100 Z100；	到达换刀点
N450	G42 G00 X50 Z3；	快速移动到循环起始点调用半径补偿
N460	G71 U1 R1；	调用外圆粗车循环指令
N470	G71 P480 Q580 U1 W0.1 F0.2；	
N480	G00 X0；	
N490	G01 Z0 F0.06；	
N500	G03 X20 Z−10 R10；	
N510	G01 Z−15；	
N520	X27；	
N530	X30 Z−16.5；	
N540	Z−40；	
N550	X40；	
N560	Z−46；	
N570	X48 Z−53；	
N580	G00 X50；	
N590	G00 X100 Z100；	快速移动到换刀点
N600	M05；	主轴停止
N610	M00；	程序暂停
N620	T0202；	更换外圆精车刀
N630	M03 S1200；	主轴正转，转速为 1 200 r/min
N640	G00 X50 Z2；	快速移动到循环起点
N650	G70 P180 Q250；	精加工外轮廓
N660	G00 X100 Z100；	快速退刀至换刀点
N670	M05；	主轴停止
N680	M00；	程序暂停
N690	T0303；	更换切槽刀
N700	G00 X100 Z100；	到达换刀点

续表

程序		说明
N710	M03 S600；	主轴正转，转速为 600 r/min
N720	G00 X35 Z−40；	快速移动到槽上方，准备切槽
N730	G01 X26 F0.1；	切槽至槽底
N740	G04 X2；	暂停 2 s
N750	X30；	垂直退刀
N760	Z−38.5；	准备倒角
N770	X27 Z−40；	倒角
N780	X35；	退刀
N790	G00 X100 Z150；	退刀至换刀点
N800	M05；	主轴停止
N810	M00；	程序暂停
N820	T0404；	调用螺纹刀
N830	M03 S600；	主轴正转，转速为 600 r/min
N840	G00 X100 Z100；	快速移动到换刀点
N850	G00 X30 Z−12；	移动刀螺纹切削循环点
N860	G92 X29.1 Z−37 F1.5；	第一刀
N870	X28.5；	第二刀
N880	X27.9；	第三刀
N890	X27.5；	第四刀
N900	X27.4；	第五刀
N910	X27.4；	重复精车
N920	G00 X100 Z100；	快速移动到换刀点
N930	M05；	主轴停止
N940	M30；	程序结束

> **注意**
> 零件掉头安装后，要注意保证总长；外圆粗车刀和精车刀对刀时，注意对刀值的存储位置；掉头装夹时，注意用铜皮保护已加工表面。

拓展训练

1. 如图 8-2 所示，零件的毛坯尺寸均为 ϕ50 mm×155 mm，试编写复合循环指令粗、精车数控加工程序及螺纹数控加工程序，并在计算机上进行模拟加工。

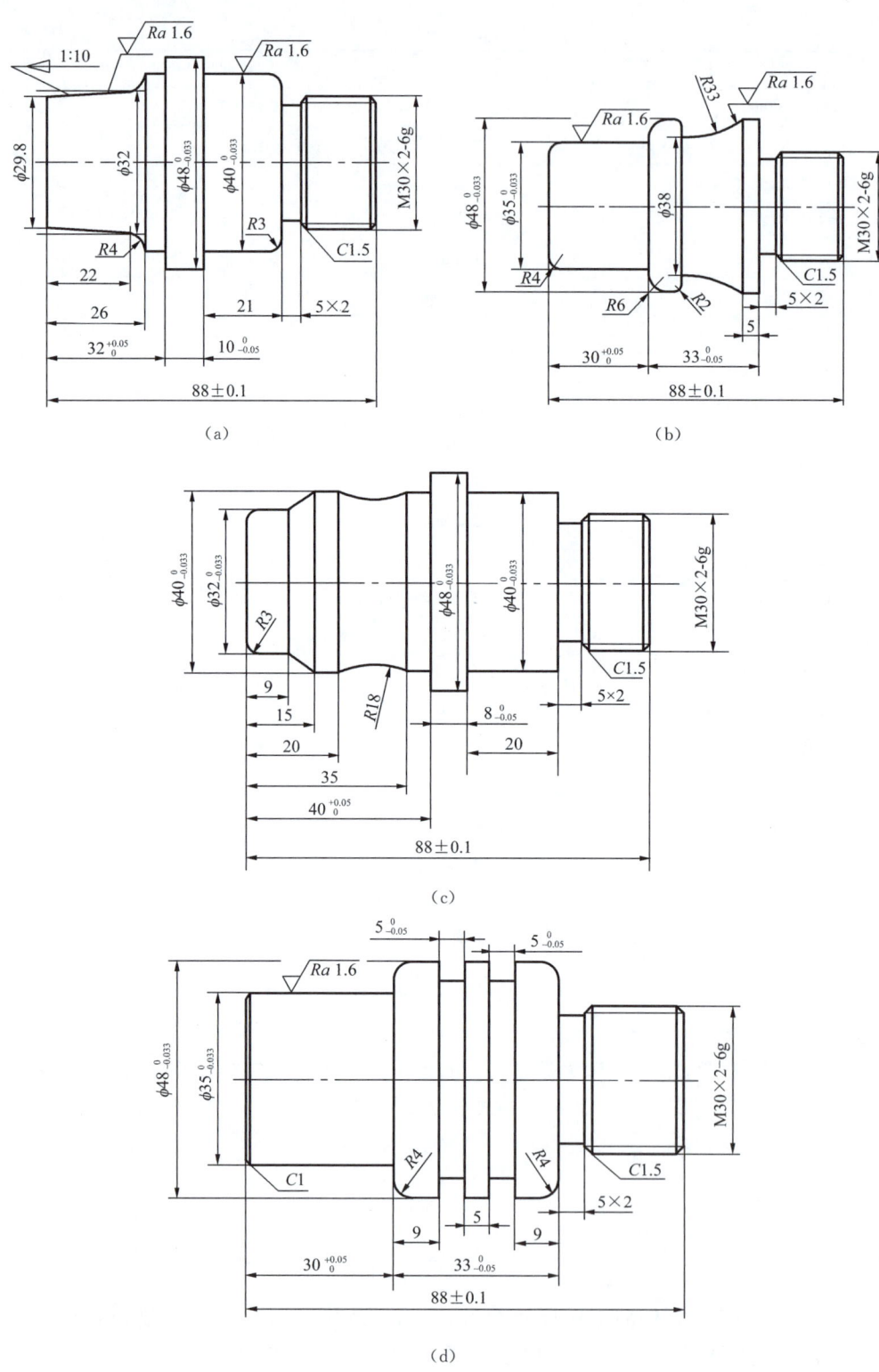

图 8-2 题 1 图

2. 用数控车床完成图 8-3 所示零件的加工,零件材料为 45 钢;毛坯为 $\phi55$ mm× 97 mm;未注尺寸公差按 IT12 级加工和检验。现要对该零件加工工艺进行设计,并编写数控车削工序卡、加工程序等。

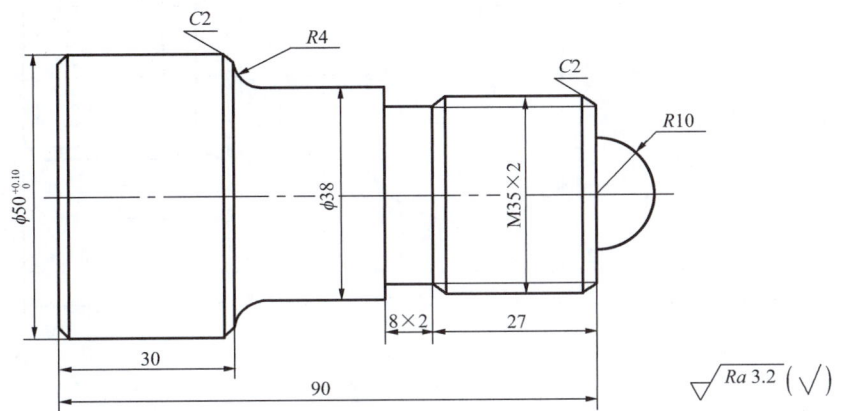

图 8-3 题 2 图

3. 如图 8-4 所示,零件毛坯尺寸为 $\phi140$ mm×150 mm,并在 133 mm 处车断,所有未注倒角均为 C0.5。试编写复合循环指令粗、精车数控加工程序及螺纹数控加工程序,并在计算机上进行模拟加工。

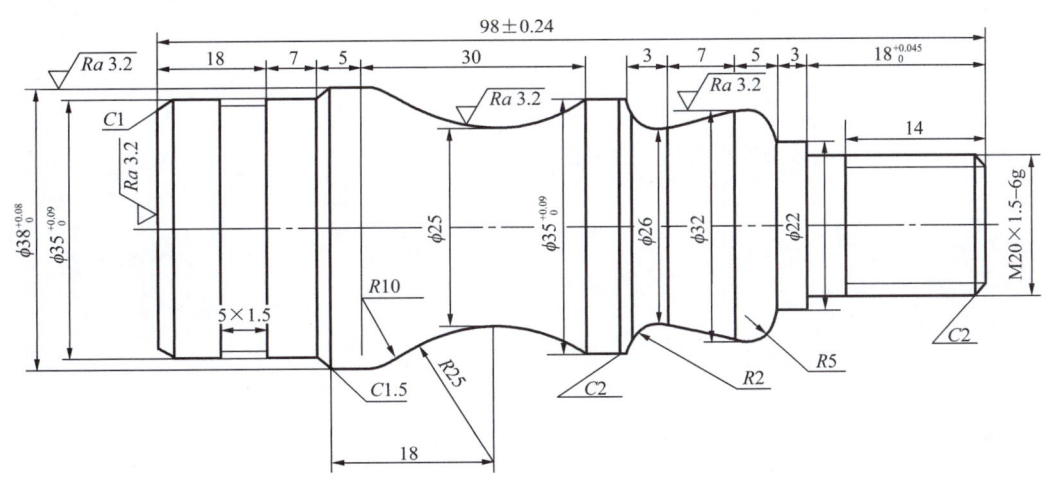

图 8-4 题 3 图

4. 如图 8-5 所示,零件毛坯尺寸为 $\phi45$ mm×148 mm,所有未注倒角均为 C0.5。试编写复合循环指令粗、精车数控加工程序及螺纹数控加工程序,并在计算机上进行模拟加工。

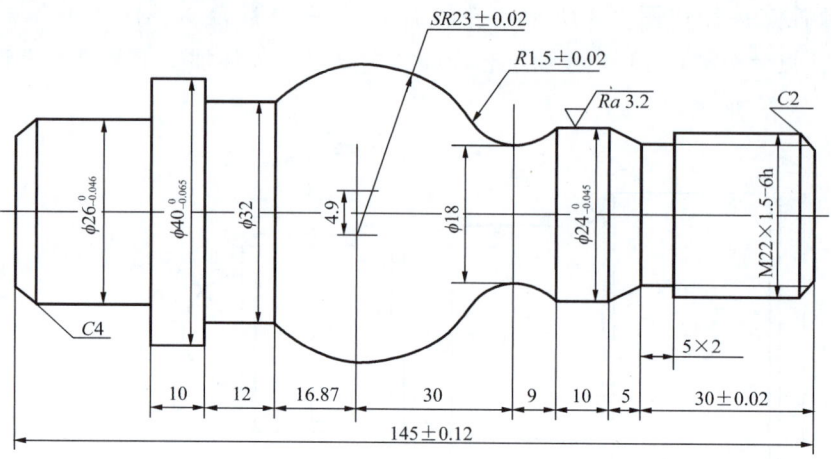

图 8-5 题 4 图

项目 9
数控车削强化训练（高级）

◆ **学习目标**

知识目标

熟悉高级工零件的车削工艺分析、工艺设计的方法。
熟悉编写复杂零件工艺文件的方法。
掌握从保证加工质量、提高效率、降低成本的角度优化加工工艺和编程的方法。

能力目标

能根据图纸合理制定高级工零件的整体加工工艺。
能对复杂零件选择合理的检验工具进行精度和表面粗糙度测量。
能对零件的加工质量进行分析并进行改进。
具有较好的分析和解决加工中出现的问题的能力。

素质目标

培养精益求精、严谨专注的精神。
养成良好的自主学习和信息获取能力。
养成安全生产、节约环保的习惯。

加工任务

用数控车床完成图 9-1 所示螺纹轴零件的加工,材料为 45 钢,工件毛坯为 $\phi 50$ mm×97 mm,未注尺寸公差按 IT12 级进行加工和检验。该轴类零件含有外圆、内孔、端面、槽、螺纹等结构,具有较高的加工要求。现要对该零件加工工艺进行设计,并编写数控车削工序卡、加工程序等资料。

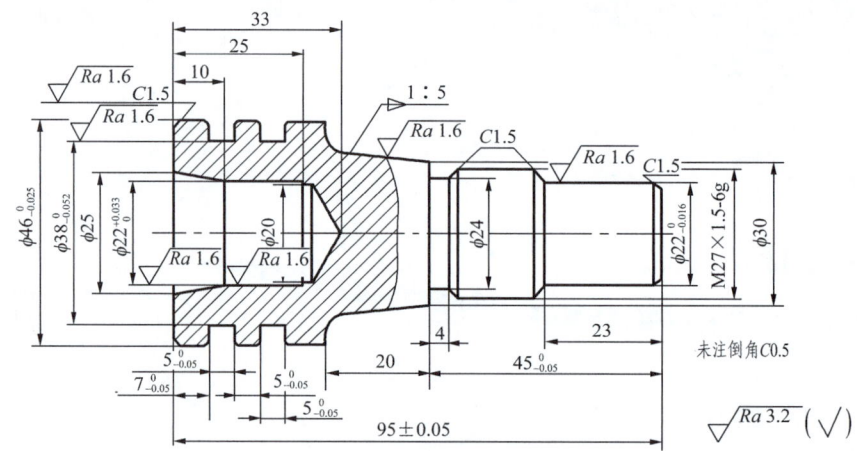

图 9-1　螺纹轴零件图

任务执行

一、分析零件图的加工内容和加工要求

该零件为内、外轮廓都非常复杂的轴类零件,包含三角螺纹加工、不等距槽加工、锥度槽加工、圆弧加工、阶梯内孔加工,还有较高的尺寸精度和位置精度要求。该零件的数控加工是全面提高和巩固学生车削能力的综合训练。

零件最小的尺寸误差是 0.016 mm,表面粗糙度为 Ra 1.6 μm。加工工艺路线如下:粗车→半精车→精车。零件总长度为 (95±0.05) mm,无热处理和硬度要求。

该零件的主要加工内容和加工要求如下:

(1) 圆柱面 $\phi 46_{-0.025}^{0}$ mm,表面粗糙度为 Ra 1.6 μm;圆柱面 $\phi 22_{-0.016}^{0}$ mm,表面粗糙度为 Ra 1.6 μm。

(2) 圆孔面 $\phi 22_{0}^{+0.033}$ mm,表面粗糙度为 Ra 1.6 μm。

(3) 两端面总长保证 (95±0.05) mm。

(4) 槽两处,定位尺寸为 $7_{-0.05}^{0}$ mm,$5_{-0.05}^{0}$ mm;定形尺寸为 $5_{-0.05}^{0}$ mm,$\phi 38_{-0.052}^{0}$ mm。

(5) 退刀槽 $4 \times \phi 24$ mm,定位尺寸为 $45_{-0.05}^{0}$ mm。

(6) 锥面的锥度为 1:5,表面粗糙度为 Ra 1.6 μm。

(7) 螺纹 M27×1.5-6g。

(8) 倒角 C1.5,共 4 处。

二、确定加工方案

工件有内、外结构加工的要求。根据加工结构的分布特点,左端内结构与右端的螺纹、锥面结构不能够在同一次装夹完成,因而将工件的加工大致分为左、右两次的装夹加工。

夹持右端加工左端:拟用三爪自定心卡盘进行装夹。工件坐标的零点选在左端面的中心。

夹持左端加工右端:应先手动加工右端面,保证总长为(95±0.05) mm,手动钻中心孔,然后采用一夹一顶的装夹方案,注意调整卡盘夹持工件的长度不宜过长,顶上顶尖,再进行外圆、槽、螺纹的自动控制加工。

1. 左端加工

选用 $\phi 3$ mm 中心钻钻中心孔;钻 $\phi 20$ mm 孔;进行 $\phi 46$ mm 柱面的粗、精加工;车 $5 \times \phi 38$ mm 两槽;镗削内孔(钻中心孔、钻 $\phi 20$ mm 孔可用手动加工)。

2. 右端加工

车削右端面保证总长为 95 mm;手动钻中心孔;进行右端外形的粗、精加工;车 $4 \times \phi 24$ mm 槽;车 M27×1.5—6g 外螺纹(车削右端面、钻中心孔可用手动加工)。

三、设计工艺过程

(1)粗、精加工工件左端外形。
(2)车 $5 \times \phi 38$ mm 两槽。
(3)用 G71 指令粗加工工件左端内形,用 G70 指令精加工工件左端内形。
(4)掉头校正,手工车端面,保证总长为 95 mm,钻中心孔,顶上顶尖。
(5)用 G71 指令粗加工工件右端外形,用 G70 指令精加工工件右端外形。
(6)车 $4 \times \phi 24$ mm 槽。
(7)用 G76 指令加工 M27×1.5 外螺纹。

四、选用加工设备

选择的机床型号为 CAK6140V 数控车床,机床最大车削直径为 400 mm,最大加工长度为 850 mm,可用于轴类、盘类零件的精加工和半精加工,可以车削表面、车削螺纹、镗孔、铰孔等。

机床配置 4 工位刀架,刀具安装尺寸为 20 mm×20 mm;手动卡盘;手动尾座。

五、选择刀具

根据轮廓形状及零件加工精度要求,粗车刀选择 90°外圆车刀(刀尖角为 80°),精车刀选择 93°外圆车刀(刀尖角为 35°),选用刀宽为 3 mm 的切槽刀,加工内孔先选用 $\phi 20$ mm 钻头加工底孔,再选用刀杆为 $\phi 12$ mm 的镗孔刀加工,另外,再选择 60°螺纹刀一把。

六、编制工艺文件

零件数控加工工序卡和刀具卡,见表 9-1 和表 9-2。

表 9-1　　　　　　　　　　　数控加工工序卡

(厂名)		零件名称	螺纹轴	零件号	
数控加工工序卡片		材料	45 钢	程序号	
		夹具名称	三爪自定心卡盘	使用设备	CAK6140V 数控车床
工序号	1	编制		车间	数控车间
安装	工步	工步内容	刀具	主轴转速 $n/(\mathrm{r \cdot min^{-1}})$	进给量 $f/(\mathrm{mm \cdot r^{-1}})$	背吃刀量 a_p/mm	备注
---	---	---	---	---	---	---	---
夹持右端加工左端	1	钻底孔	T07	300	0.05		
	2	车端面、粗车外表面	T01	800	0.2	1	
	3	精车外表面至要求	T02	1 500	0.06	0.5	
	4	车削外槽至要求	T03	400	0.05	4	
	5	粗车内表面	T05	800	0.1	1	
	6	精车内表面至要求	T06	1 000	0.06	0.5	
夹持左端加工右端	1	粗车右端外形	T01	800	0.2	1	
	2	精车右端外形至要求	T02	1 500	0.06	0.25	
	3	车 4×φ24 mm 槽	T03	400	0.05	4	
	4	螺纹加工	T04	400	1.5	0.3	

表 9-2　　　　　　　　　　　数控加工刀具卡

(厂名)		零件名称	螺纹轴		零件号	
数控加工刀具卡片		程序号			编制	
序号	刀具号	刀片规格	刀具尺寸		补偿地址	
			刀尖半径/mm	刀杆规格/(mm×mm)	半径/mm	形状
1	T01	外圆粗车刀(刀尖角为 80°)	0.8	20×20		#0001
2	T02	外圆精车刀(刀尖角为 35°)	0.2	20×20	0.2	#0002
3	T03	切槽刀(刀宽为 3 mm,刀尖圆弧为 0.2 mm)	0.2	20×20		#0005
4	T04	60°螺纹刀	0.4	20×20		#0006
5	T05	内孔粗车刀(刀尖角为 55°)	0.8	20×20		#0003
6	T06	内孔精车刀(刀杆为 φ12 mm,刀尖角为 60°)	0.2	20×20	0.2	#0004
7	T07	φ20 mm 钻头	0	20×80		

七、编写加工程序

(一)工件左端加工程序

如图 9-2 所示为左端加工结构及坐标系。工件左端加工程序(FANUC 0i 系统)见表 9-3。

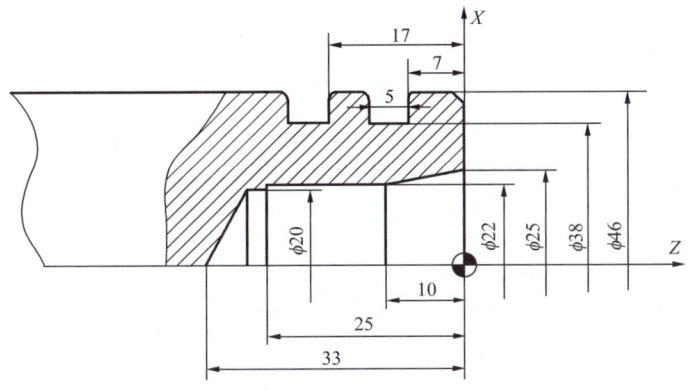

图 9-2 左端加工结构及坐标系

螺纹轴加工实例

表 9-3 工件左端加工程序

程序		说明
O9101		程序名
N110	G97 G99 G21;	程序初始化
N120	T0101;	调用外圆粗车刀
N130	M03 S800;	主轴正转,转速为 800 r/min
N140	G00 X100 Z100;	到达换刀点
N150	G00 X50 Z2;	G90 循环起点
N160	G90 X46.5 Z－35 F0.2;	粗车左端外形
N170	G00 X100 Z100;	快速移动到换刀点
N180	M05;	主轴停止
N190	M00;	程序暂停
N200	T0202;	更换外圆精车刀
N210	M03 S1500;	主轴正转,转速为 1 500 r/min
N220	G00 X52 Z2;	快速移动到接近工件
N230	G00 X40;	倒角起点
N240	G01 X46 Z－1 F0.06;	倒角
N250	Z－35;	精车外径
N260	G00 X100;	退刀
N270	G00 Z100;	快速移动到换刀点
N280	M05;	主轴停止
N290	M00;	程序暂停

续表

程序		说明
N300	T0303;	更换切槽刀,车 $5\times\phi38$ mm 两槽
N310	M03 S400;	主轴正转,转速为 400 r/min
N320	G00 X50 Z−12;	快速移动到切槽起点
N330	M98 P9111;	调用槽加工子程序
N340	G00 X50 Z−22;	到达下一个切槽的起点
N350	M98 P9111;	调用槽加工子程序
N360	G00 X100 Z100;	快速退刀至换刀点
N370	M05;	主轴停止
N380	M30;	程序结束

如图 9-3 所示为左端内结构加工。左端内结构加工程序见表 9-4。

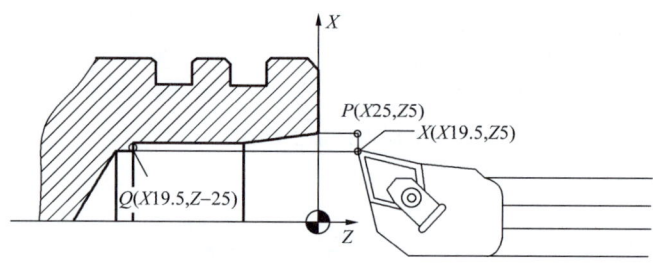

图 9-3　左端内结构加工

表 9-4　左端内结构加工程序

程序		说明
O9102		程序名
O390	G97 G99 G21;	程序初始化
N400	T0505;	调用内孔粗车刀,粗加工左端内形
N410	M03 S800;	主轴正转,转速为 800 r/min
N420	G00 X100 Z100;	到达换刀点
N430	G42 G00 X19.5 Z5;	快速移动到循环起点,调用半径补偿
N440	G71 U1 R0.5;	调用外圆粗车循环指令
N450	G71 P460 Q500 U−0.5 W0.1 F0.2;	
N460	G01 X25 F0.1;	
N470	Z0;	
N480	X22.016 Z−10;	
N490	Z−25;	
N500	X20;	
N510	X50 Z100;	刀具远离工件
N520	M05;	主轴停止
N530	M00;	程序暂停
N540	T0606;	更换内孔精车刀

续表

程序		说明
N550	M03 S1000;	主轴正转,转速为1 000 r/min
N560	G00 G41 X19.5 Z5;	快速进刀,引入半径补偿
N570	G70 P460 Q500;	调用精车循环指令
N580	G40 G00 X100 Z100;	快速退刀至换刀点主轴停转
N590	M05;	主轴停止
N600	M30;	程序结束

槽加工路线如图9-4所示。槽加工子程序见表9-5。

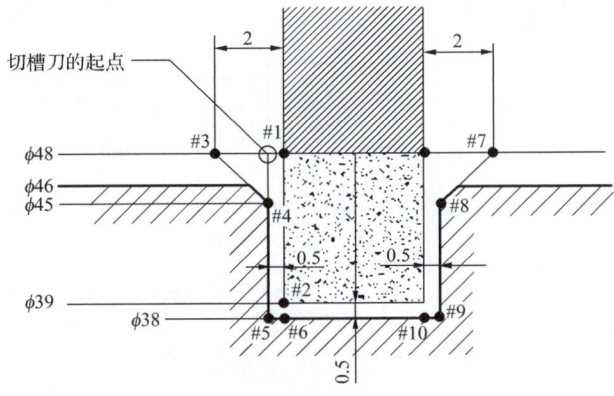

图 9-4 槽加工路线

表 9-5　　　　　　　　　　　　槽加工子程序

程序		说明
O9111		程序名
N810	W0.5;	左刀尖到#1
N820	G01 X39 F0.06;	左刀尖到#2
N830	G00 X48;	左刀尖到#1
N840	W-2;	左刀尖到#3
N850	G01 W1.5 X45;	左刀尖到#4
N860	X38;	左刀尖到#5
N870	W0.5;	左刀尖到#6
N880	G00 X48;	左刀尖到#1
N890	W2;	右刀尖到#7
N900	G01 X45 W-1.5;	右刀尖到#8
N910	G01 X38;	右刀尖到#9
N920	W-0.5;	右刀尖到#10
N930	G00 X48;	退刀
N940	M99;	子程序结束

(二)工件右端加工程序

如图 9-5 所示为右端外圆加工及坐标系。右端外圆加工程序见表 9-6。

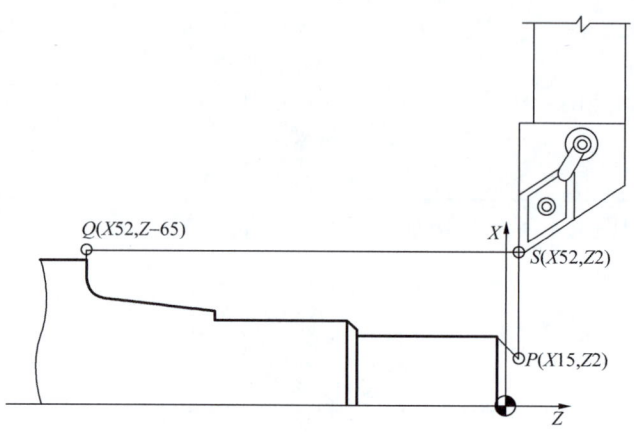

图 9-5　右端外圆加工及坐标系

表 9-6　　　　　　　　　　　　　　右端外圆加工程序

程序	说明
O9103	程序名
N110　G97 G99 G21;	程序初始化
N120　T0101;	调用外圆粗车刀
N130　M03 S800;	主轴正转,转速为 800 r/min
N140　G00 X100 Z100;	到达换刀点
N150　G00 X52 Z2;	G90 循环起点
N160　G71 U1 R1;	调用外圆粗车循环指令
N170　G71 P180 Q270 U1 W0.1 F0.2;	
N180　G00 X15;	到精加工轮廓起点 P
N190　G01 X22 Z−1.5 F0.1;	
N200　Z−23;	
N210　X24.85;	
N220　X26.85 Z−24.5;	
N230　Z−45;	
N240　X30;	
N250　X33.28 Z−61.398;	
N260　G02 X41.24 Z−65 R4;	
N270　G01 X52;	到精加工轮廓终点
N280　X100 Z100;	刀具远离工件
N290　M05;	主轴停止
N300　M00;	程序暂停
N310　T0202;	更换外圆精车刀

续表

程序		说明
N320	M03 S1500;	主轴正转,转速为1 500 r/min
N330	G00 G42 X52 Z2;	快速进刀,引入半径补偿
N340	G70 P180 Q270;	调用精车循环指令
N350	G40 G00 Z50 X100;	
N360	X100 Z100;	刀具远离工件
N370	M05;	主轴停止
N380	M00;	程序暂停
N390	T0303;	更换切槽刀,车 $4\times\phi24$ mm 槽
N400	M03 S400;	主轴正转,转速为400 r/min
N410	G00 X100 Z100;	快速移动到换刀点
N420	G00 X32 Z-45;	快速移动到切槽起始点
N430	G01 X24 F0.05;	切槽
N440	X27;	退刀
N450	G01 X24 Z-45;	倒角
N460	G00 X100;	退刀
N470	Z100;	快速移动到换刀点
N480	M05;	主轴停止
N490	M00;	程序暂停
N500	T0404;	更换螺纹刀,车削 M27×1.5 外螺纹
N510	M03 S400;	主轴正转,转速为400 r/min
N520	G00 X100 Z100;	快速移动到换刀点
N530	G00 X29 Z-18;	进到外螺纹复合循环起刀点
N540	G76 P010160 Q80 R0.1;	
N550	G76 X25.14 Z-42 R0 P930 Q350 F1.5;	
N560	X100 Z100;	刀具远离工件
N570	M05;	主轴停止
N580	M30;	程序结束

> **注意**
>
> 1. 执行每个程序前检查其所用的刀具,检查切削参数是否合适,开始加工时宜把进给速度调到最小,观察加工状态,若有异常现象,应及时停机检查。
>
> 2. 在操作过程中必须集中注意力,谨慎操作,运行前关闭防护门。在运行过程中一旦发生问题,及时按下复位按钮或紧急停止按钮。
>
> 3. 在加工过程中不断优化加工参数以达到最佳加工效果。粗加工后检查工件是否松动,检查工件位置、形状尺寸。
>
> 4. 精加工后检查工件位置、形状尺寸,调整加工参数,直到工件与图纸及工艺要求相符。

拓展训练

1. 如图9-6所示为典型套类零件,材料为45钢,毛坯尺寸为 $\phi 85$ mm×160 mm,螺纹端面倒角为 $C2$,单件小批量生产。试编制复合轴零件数控加工的工序卡和刀具卡,编写零件加工程序并完成零件加工。

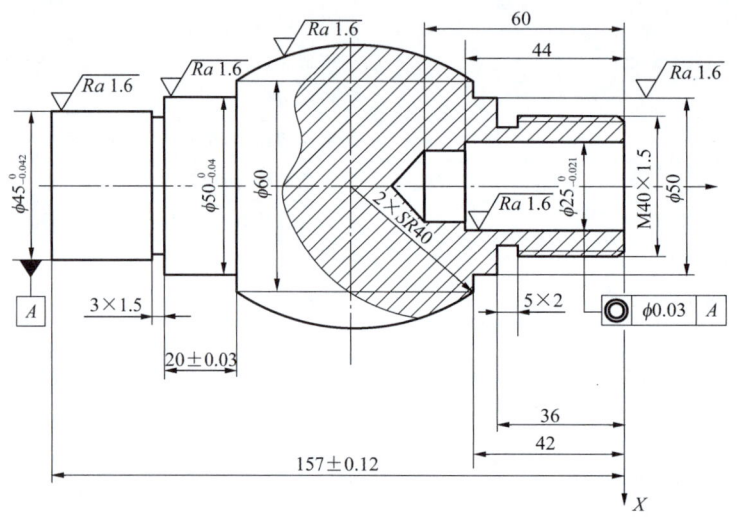

图 9-6 题 1 图

2. 如图9-7所示为典型套类零件,材料为45钢,单件小批量生产。现要对该零件进行数控车削工艺分析,并编写数控车削工序卡、加工程序等资料(省略热处理及辅助工序设计)。

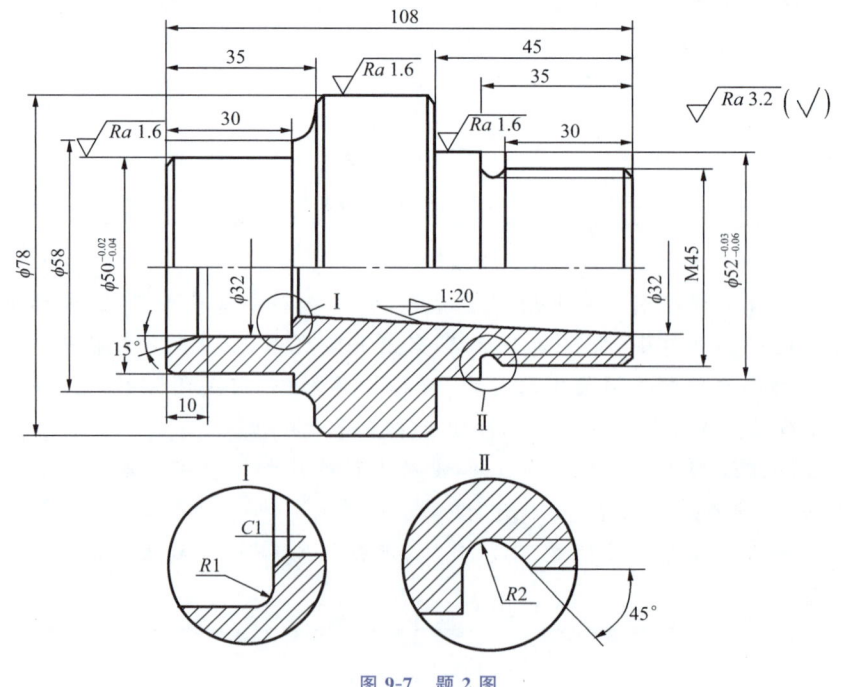

图 9-7 题 2 图

3. 如图9-8所示,复杂零件具有内、外轮廓,零件毛坯为 $\phi50$ mm 棒料,材料为45钢,请完成零件的数控加工。

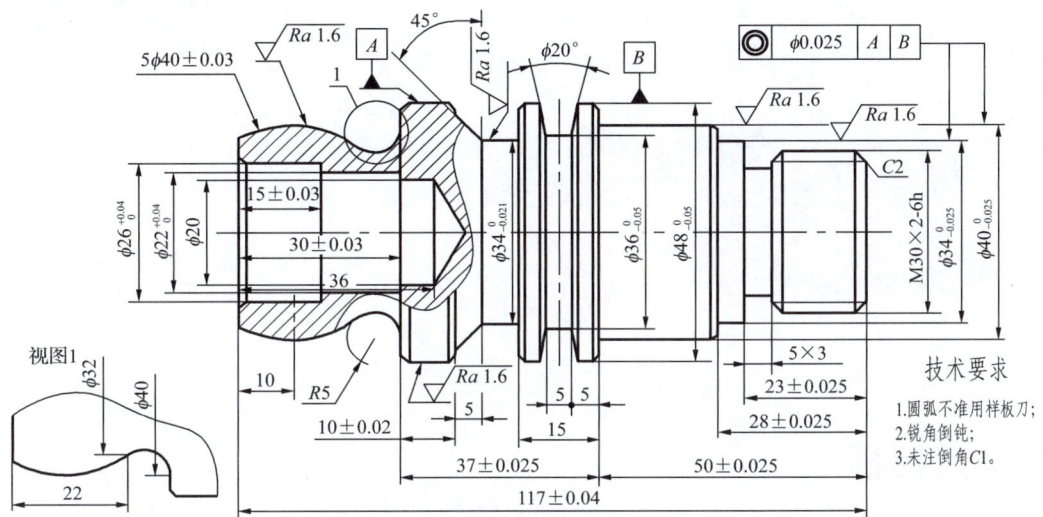

图9-8 题3图

项目 10
数控车削强化训练（配合件）

◆ 学习目标

知识目标

熟悉配合件工艺分析、工艺设计的方法。
掌握配合件的车削加工方法。
掌握尺寸精度、几何公差和表面粗糙度的综合控制方法，保证配合精度。
熟悉配合件加工质量的分析和编程方法。

能力目标

能按装配图的技术要求完成配合件的加工与装配。
能在加工中对配合件进行精度加工，并保证配合精度。
提高综合控制尺寸精度、几何精度和配合间隙的技能。

素质目标

培养一丝不苟、精益求精的工匠精神。
养成良好的自主学习和信息获取能力。
养成安全生产、节约环保的习惯。
增强爱岗爱国的责任感。

项目10 数控车削强化训练(配合件)

加工任务

用数控车床完成图10-1所示典型轴套配合件的加工,零件材料为45钢,工件毛坯为 $\phi 60$ mm×97 mm,未注尺寸公差按IT12级加工和检验。

该轴类零件含有外圆、内孔、端面、槽、螺纹等结构,具有较高的加工要求。现要对该零件加工工艺进行设计,并编写数控车削工序卡、加工程序等。

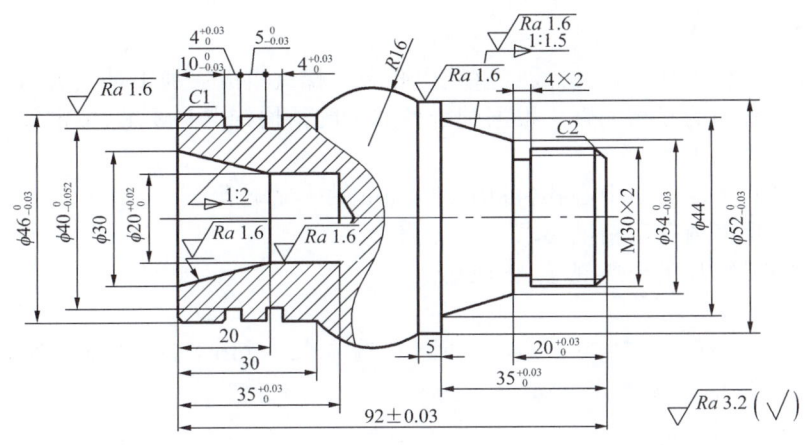

(a)工件1

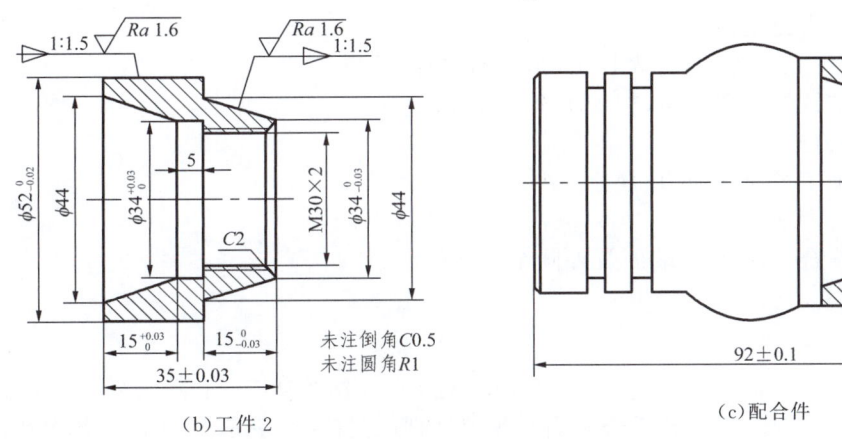

(b)工件2

(c)配合件

图10-1 典型轴套配合件图纸

任务执行

一、加工工艺分析

(一)配合件的主要加工内容和加工要求分析

由图样可知,该零件的主要加工内容和加工要求如下:

(1)圆柱面 $\phi 46_{-0.03}^{0}$ mm,表面粗糙度为 $Ra1.6$ μm;圆柱面 $\phi 52_{-0.03}^{0}$ mm,表面粗糙度

为 $Ra1.6\ \mu m$。

(2) 圆孔面 $\phi 20^{+0.02}_{\ \ 0}$ mm、$\phi 34^{+0.03}_{\ \ 0}$ mm,表面粗糙度为 $Ra1.6\ \mu m$。

(3) 两端面总长保证(92±0.03) mm。

(4) 槽 2 处,定位尺寸 $10^{\ \ 0}_{-0.03}$ mm,$\phi 40^{\ \ 0}_{-0.052}$ mm。

(5) 内、外锥面的锥度为 1∶1.5,表面粗糙度为 $Ra1.6\ \mu m$。

(6) 螺纹 M30×2。

(7) 倒角 C2 两处。

(二) 加工方案的制定

该配合件主要由外圆、外螺纹、外槽、内孔和内螺纹组成。加工难点为内、外螺纹的互相配合,内、外锥面的互相配合。根据配合件加工的结构特点和要求,拟定如下加工方案:

1. 工件 2 内结构加工

(1) 夹外圆,平端面钻中心孔,再用 $\phi 25$ mm 钻头钻通孔。

(2) 粗、精加工内孔至精度要求。

(3) 车内螺纹,加工至通规通、止规止。

2. 工件 1 加工

(1) 手动车右端至 $\phi 52.5$ mm,夹外圆右端 $\phi 52.5$ mm,车左端面,钻中心孔,再用 $\phi 18$ mm 钻头钻孔,孔深为 35 mm。

(2) 左端外圆粗、精加工。

(3) 加工 2 个 4 mm 的外槽至精度要求。

(4) 粗、精加工内孔至精加工要求。

(5) 掉头夹 $\phi 46$ mm 外圆,打表找正,车端面,控制总长。

(6) 粗、精车螺纹外圆和锥面,精加工至尺寸要求。

(7) 车螺纹退刀槽。

(8) 车螺纹,加工至通规通、止规止。

3. 工件 1、2 配合加工

在工件 1 上旋合工件 2,车端面及外圆至尺寸要求。

(三) 刀具和夹具的选择

1. 内孔车刀

(1) 选用 $\phi 3$ mm 中心钻钻中心孔,$\phi 18$ mm、$\phi 25$ mm 钻头钻孔。

(2) 粗、精车内轮廓时选用硬质合金内孔车刀 2 把(刀杆 $\phi 16$ mm、$\phi 12$ mm 各 1 把)。

(3) 车削内螺纹选用 60°硬质合金内螺纹刀。

2. 外圆车刀

(1) 车外轮廓及平端面,选用 93°硬质合金外圆车刀 2 把(刀尖 80°、35°各 1 把)。

(2) 螺纹退刀槽采用刀宽为 3 mm 的切槽刀加工。

(3) 车削螺纹选用 60°硬质合金外螺纹刀。

3. 夹具选用

选用三爪自定心卡盘进行装夹。工件坐标的零点选在工件端面的中心。

二、编制工艺文件

零件数控加工工序卡和刀具卡见表 10-1 和表 10-2。

表 10-1　　　　　　　　　　　　　　数控加工工序卡

工序号	2	加工工件	配合件	图号		工件材料	45 钢
机床	CAK6140V 数控车床		夹具	三爪卡盘		毛坯	ϕ60 mm 棒料

装夹(1)：工件 2 内结构加工

序号	加工内容	刀具号	刀具类型	最大切深/mm	主轴转速 n/(r·min^{-1})	进给量 f/(mm·r^{-1})	程序号
1	车平端面	T01	外圆车刀	1	800	0.15	手动
2	钻引正孔	T08	中心钻	3	1 500	0.1	手动
3	钻底孔	T09	钻头		300	0.1	手动
4	粗车工件内轮廓	T06	内孔车刀	1.5	700	0.2	O1001
5	精车工件内轮廓	T06	内孔车刀	0.5	1 000	0.1	O1001
6	车削内螺纹 M30×2	T07	内螺纹刀	0.3	400	螺距 2	O1001
7	掉头车端面	T01	外圆车刀	1	800	0.15	手动
8	倒角	T05	内孔车刀	0.2	1.5	700	手动

装夹(2)：工件 1 左端加工

序号	加工内容	刀具号	刀具类型	最大切深/mm	主轴转速 n/(r·min^{-1})	进给量 f/(mm·r^{-1})	程序号
1	加工工件端面	T01	外圆车刀	1	800	0.15	手动
2	钻引正孔	T08	中心钻	3	1 500	0.1	手动
3	钻底孔	T10	钻头		250	0.1	手动
4	粗车工件外轮廓（左端）	T02	外圆车刀	1	800	0.15	O1002
5	精车工件外轮廓（左端）	T02	外圆车刀	0.5	1 200	0.1	O1002
6	车外槽	T03	切槽刀	2	400	0.05	O1002
7	粗车工件内轮廓	T05	内孔车刀	1	700	0.15	O1002
8	精车工件内轮廓	T05	内孔车刀	0.5	1 000	0.1	O1002

装夹(3)：工件 1 右端加工

序号	加工内容	刀具号	刀具类型	最大切深/mm	主轴转速 n/(r·min^{-1})	进给量 f/(mm·r^{-1})	程序号
1	加工工件端面	T01	外圆车刀	1	800	0.1	手动
2	粗车外轮廓面	T01	外圆车刀	2	800	0.2	O1003
3	精车外轮廓面	T01	外圆车刀	0.5	1 500	0.1	O1003
4	车螺纹退刀槽	T03	切槽刀	2	400	0.05	O1003
5	车削外螺纹	T04	外螺纹刀	0.4	400	螺距 2	O1003

装夹(4)：工件 1、2 螺纹配合后加工

序号	加工内容	刀具号	刀具类型	最大切深/mm	主轴转速 n/(r·min^{-1})	进给量 f/(mm·r^{-1})	程序号
1	粗车工件外轮廓	T01	外圆车刀	2	800	0.2	O1004
2	精车工件外轮廓	T01	外圆车刀	0.5	1 500	0.1	O1004
3	检验、校核						

表 10-2　　　　　　　　　　　数控加工刀具卡

刀具号	刀具类型	刀片规格	刀杆	备注
T01	外圆车刀	CNMG120408	PCLNR2020M08	刀尖 80°
T02	外圆车刀	VNMG160404	CVCNR2020M08	刀尖 35°
T03	外切槽刀	MWCR3	MTFH32-3	刀宽为 3 mm,刀尖圆弧为 0.2 mm
T04	外螺纹刀	TTE200	MLTR2020	刀尖 60°
T05	内孔车刀	DCMT11T304	S12H-SDUC11T3	刀尖 55°
T06	内孔车刀	CPNT090304	S16R-SCLPR1103	刀尖 80°
T07	内螺纹刀	TT1200	MSIR316	刀尖 60°
T08	中心钻			$\phi 3$ mm
T09	钻头			$\phi 18$ mm
T10	钻头			$\phi 25$ mm

三、编写加工程序（FANUC 0i 系统）

按照表 10-1 的工艺设计,编写配合件的加工程序。下面介绍工件 2 内形、工件 1 左端外形加工,工件 1 和工件 2 螺纹配合后外圆加工参考程序。其他程序请自行编写。

（一）加工工件 2 内形

如图 10-2 所示为工件 2 内形加工,图 10-3 所示为工件 1 左端外形加工。工件 2 内形加工程序见表 10-3。

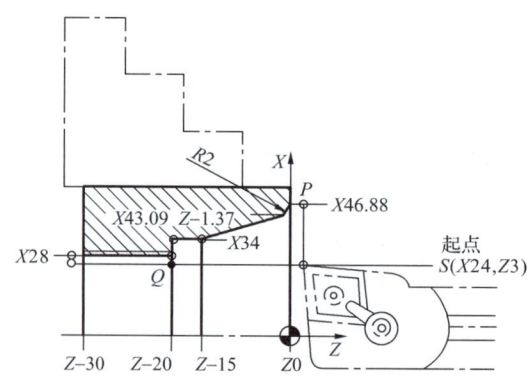

图 10-2　工件 2 内形加工

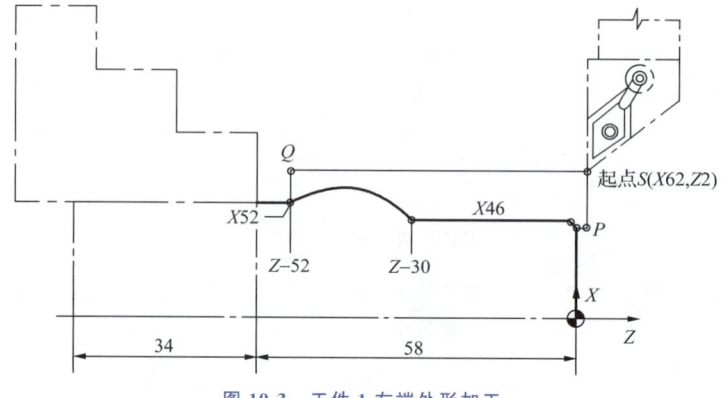

图 10-3　工件 1 左端外形加工

表 10-3　　　　　　　　　　　　　工件 2 内形加工程序

程序		说明
＜T06 粗加工工件 2 内形＞		
O1001		程序号
N110	G97 G99 G21;	程序初始
N120	T0606;	调用 6 号内孔车刀
N130	M03 S700;	主轴正转,转速为 700 r/min
N140	G00 X100 Z100;	到达换刀点
N150	G00 X24 Z3;	快进到内径粗车循环起点 S
N160	G71 U1.5 R0.5;	
N170	G71 P180 Q240 U−0.5 W0.1 F0.2;	
N180	G00 X46.88;	到精加工轮廓起点 P
N190	G01 Z0 F0.1;	
N200	G02 X43.09 Z−1.37 R2;	
N210	G01 X34 Z−15;	
N220	Z−20;	
N230	X28;	
N240	G01 X24;	到精加工轮廓终点 Q
N250	G00 X100 Z100;	快速移动到换刀点
N260	M05;	主轴停止
N270	M00;	程序暂停
＜T06 精加工工件 2 内形＞		
N290	M03 S1000;	主轴正转,转速为 1 000 r/min
N300	G00 G41 X24 Z3;	快速进刀,引入半径补偿
N310	G70 P180 Q240;	精加工外轮廓
N320	G40 G00 X100 Z100;	快速退刀至换刀点
N330	M05;	主轴停止
N340	M00;	程序暂停
＜T07 车削 M30×2 内螺纹＞		
N360	T0707;	换内螺纹刀
N370	M03 S400;	主轴正转,转速为 400 r/min
N380	G00 X100 Z100;	到达换刀点
N390	G00 X25 Z5;	进到外螺纹复合循环起点
N400	G00 Z−10;	
N410	G76 P010160 Q100 R−0.1;	
N420	G76 X30.4 Z−27 P1200 Q400 F2;	
N430	G00 Z5;	退刀

续表

程序		说明
N440	G00 X100 50;	快速退刀至换刀点
N450	M05;	主轴停止
N460	M30;	程序结束

(二)加工工件 1 左端外形

工件 1 左端外形加工程序见表 10-4。

表 10-4　　　　　　　　　　工件 1 左端外形加工程序

程序		说明
<T02 粗车工件 1 左端外形>		
O1002		程序号
N510	G97 G99 G21;	程序初始
N520	T0202;	调用 2 号内孔车刀
N530	M03 S800;	主轴正转,转速为 800 r/min
N540	G00 X100 Z100;	到达换刀点
N550	G00 X62 Z2;	快进到内径粗车循环起点 S
N560	G73 U7 R5;	
N570	G73 P580 Q630 U0.1 W0.1 F0.15;	
N580	G00 X44;	到精加工轮廓起点 P
N590	G01 Z0;	
N600	X46 Z−1;	
N610	Z−30;	
N620	G03 X52 Z−52 R16;	
N630	G01 X62;	到精加工轮廓终点 Q
N640	M05;	主轴停止
N650	M00;	程序暂停
<T02 精车削工件 1 左端外形>		
N670	M03 S1200;	主轴正转,转速为 1 200 r/min
N680	G00 G41 X62 Z2;	快速进刀,引入半径补偿
N690	G70 P580 Q630;	精加工外轮廓
N700	G40 G00 X100 Z100;	快速退刀至换刀点
N710	M05;	主轴停止
N720	M30;	程序结束

(三)加工工件 1、工件 2 螺纹配合后外圆

如图 10-4 所示为工件 1、工件 2 螺纹配合后外圆加工,其加工程序见表 10-5。

项目10 数控车削强化训练(配合件)

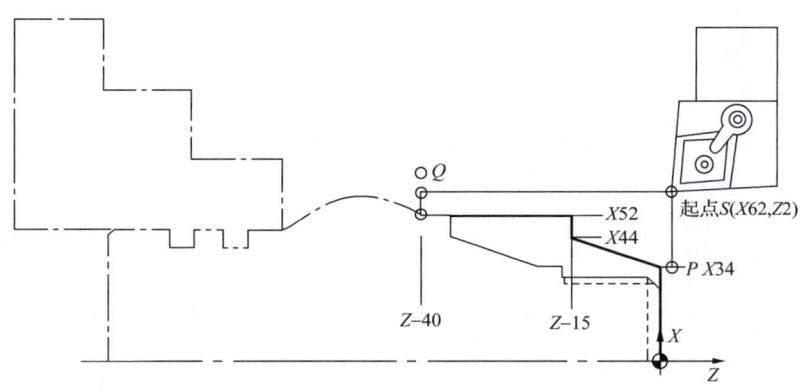

图 10-4　工件 1、工件 2 螺纹配合后外圆加工

表 10-5　　　　　　　　　　配合后外圆加工程序

程序		说明
<T01 粗加工外形>		
N800	O1004	程序号
N810	G97 G99 G21;	程序初始
N820	T0101;	调用 1 号外圆车刀
N830	M03 S800;	主轴正转,转速为 800 r/min
N840	G00 X100 Z100;	到达换刀点
N850	G00 X62 Z2;	快进到内径粗车循环起点 S
N860	G71 U2 R1;	
N870	G71 P880 Q930 U−0.5 W0.1 F0.2;	
N880	G00 X34;	到精加工轮廓起点 P
N890	G01 Z0 F0.06;	
N900	X44 Z−15;	
N910	X52;	
N920	Z−40;	
N930	G01 X62;	到精加工轮廓终点 Q
N940	G00 X100 Z100;	快速退刀至换刀点
N950	M05;	主轴停止
N960	M00;	程序暂停
<T01 精加工左端外形>		
N980	M03 S1500;	主轴正转,转速为 1 500 r/min
N990	G00 G41 X62 Z2;	快速进刀,引入半径补偿
N1000	G70 P880 Q930;	精加工外轮廓
N1010	G40 G00 X100 Z100;	快速退刀至换刀点
N1020	M05;	主轴停止
N1030	M30;	程序结束

拓展训练

如图 10-5 所示，配合件由 2 个工件装配而成。要求完成零件的编程和加工，并按照装配图正确安装组合件。

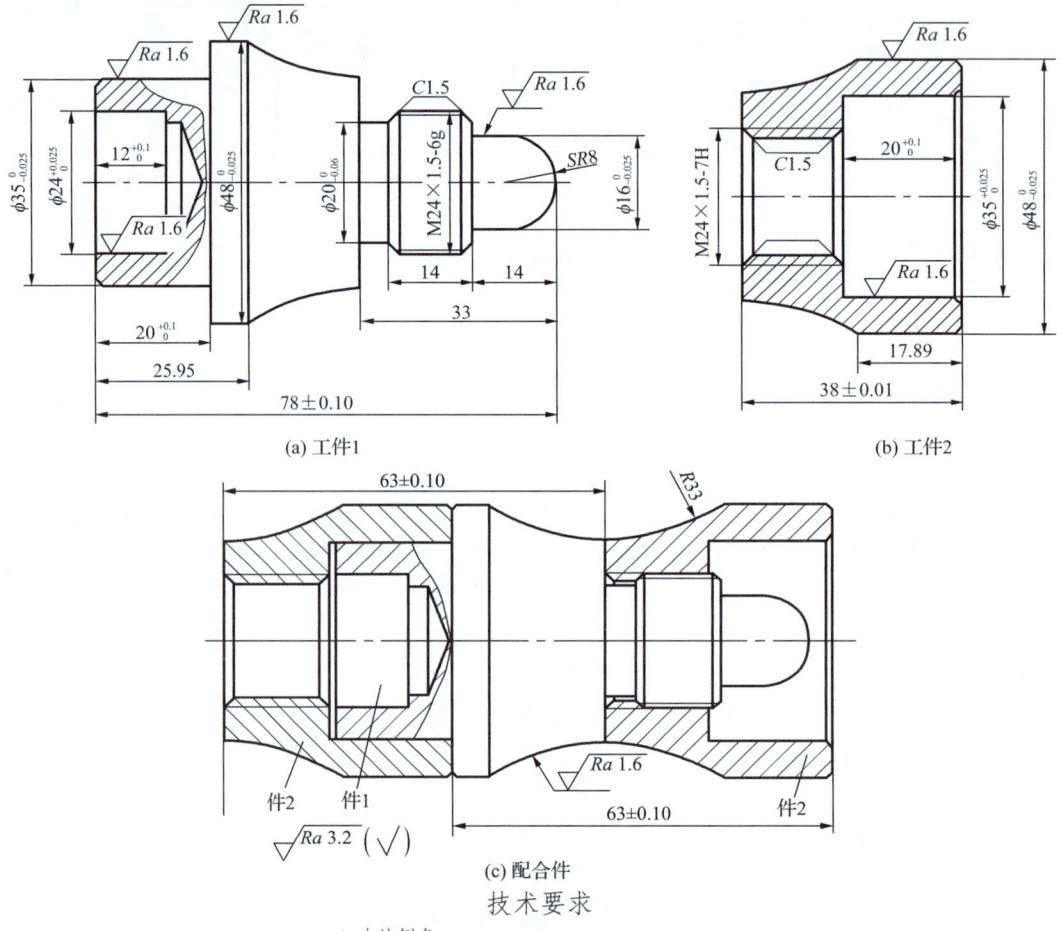

图 10-5　拓展训练图

技术要求
1. 未注倒角。
2. 圆弧过渡光滑。
3. 螺纹配合松紧适中。
4. 未注尺寸公差按IT12级加工和检验。
5. 用涂色法检查接触精度，接触面积大于60%为合格。

参考文献

[1] 刘蔡保.数控车床编程与操作[M].2版.北京:化学工业出版社,2019.

[2] 郭建平.数控车床编程与技能训练[M].3版.北京:北京邮电大学出版社,2021.

[3] 马松杰.典型零件数控编程与操作[M].西安:西安电子科技大学出版社,2016

[4] 沈建峰,黄俊刚.数控铣床/加工中心技能鉴定[M].北京:化学工业出版社,2007.

[5] 王兵.数控车床加工工艺与编程操作[M].2版.北京:机械工业出版社,2021.

[6] 徐国权.数控加工工艺编程与操作[M].北京:中国劳动社会保障出版社,2008.

附　录

附录一　数控车工国家职业标准

一、职业概况

（一）职业名称

数控车工。

（二）职业定义

从事编制数控加工程序并操作数控车床进行零件车削加工的人员。

（三）职业等级

本职业共设四个等级，分别为：中级（国家职业资格四级）、高级（国家职业资格三级）、技师（国家职业资格二级）、高级技师（国家职业资格一级）。

（四）职业环境条件

室内、常温。

（五）职业能力特征

具有较强的计算能力和空间感，形体知觉及色觉正常，手指、手臂灵活，动作协调。

（六）基本文化程度

高中毕业（或同等学力）。

（七）培训要求

1. 培训期限

全日制职业学校教育，根据其培养目标和教学计划确定。晋级培训期限：中级不少于400标准学时；高级不少于300标准学时；技师不少于200标准学时；高级技师不少于200标准学时。

2. 培训教师

培训中、高级人员的教师应取得本职业技师及以上职业资格证书或相关专业中级及以上专业技术职称任职资格;培训技师的教师应取得本职业高级技师职业资格证书或相关专业高级专业技术职称任职资格;培训高级技师的教师应取得本职业高级技师职业资格证书2年以上或取得相关专业高级专业技术职称任职资格2年以上。

3. 培训场地设备

满足教学要求的标准教室、计算机机房及配套的软件、数控车床及必要的刀具、夹具、量具和辅助设备等。

(八)鉴定要求

1. 适用对象

从事或准备从事本职业的人员。

2. 申报条件

——中级:(具备以下条件之一者)

(1)经本职业中级正规培训达规定标准学时数,并取得结业证书。

(2)连续从事本职业工作5年以上。

(3)取得经劳动保障行政部门审核认定的,以中级技能为培养目标的中等以上职业学校本职业(或相关专业)毕业证书。

(4)取得相关职业中级《职业资格证书》后,连续从事本职业2年以上。

——高级:(具备以下条件之一者)

(1)取得本职业中级职业资格证书后,连续从事本职业工作2年以上,经本职业高级正规培训,达到规定标准学时数,并取得结业证书。

(2)取得本职业中级职业资格证书后,连续从事本职业工作4年以上。

(3)取得劳动保障行政部门审核认定的,以高级技能为培养目标的职业学校本职业(或相关专业)毕业证书。

(4)大专以上本专业或相关专业毕业生,经本职业高级正规培训,达到规定标准学时数,并取得结业证书。

——技师:(具备以下条件之一者)

(1)取得本职业高级职业资格证书后,连续从事本职业工作4年以上,经本职业技师正规培训达规定标准学时数,并取得结业证书。

(2)取得本职业高级职业资格证书的职业学校本职业(专业)毕业生,连续从事本职业工作2年以上,经本职业技师正规培训达规定标准学时数,并取得结业证书。

(3)取得本职业高级职业资格证书的本科(含本科)以上本专业或相关专业的毕业生,连续从事本职业工作2年以上,经本职业技师正规培训达规定标准学时数,并取得结业证书。

——高级技师:

(1)取得本职业技师职业资格证书后,连续从事本职业工作4年以上,经本职业高级技师正规培训达规定标准学时数,并取得结业证书。

3. 鉴定方式

鉴定方式分为理论知识考试和技能操作考核。理论知识考试采用闭卷方式,技能操作(含软件应用)考核采用现场实际操作和计算机软件操作方式。理论知识考试和技能操作(含软件应用)考核均实行百分制,成绩皆达 60 分及以上者为合格。技师和高级技师还需进行综合评审。

4. 考评人员与考生配比

理论知识考试考评人员与考生配比为 1∶15,每个标准教室不少于 2 名相应级别的考评员;技能操作(含软件应用)考核考评员与考生配比为 1∶2,且不少于 3 名相应级别的考评员;综合评审委员不少于 5 人。

5. 鉴定时间

理论知识考试为 120 min,技能操作考核中实操时间为:中级、高级不少于 240 min,技师和高级技师不少于 300 min,技能操作考核中软件应用考试时间为不超过 120 min,技师和高级技师的综合评审时间不少于 45 min。

6. 鉴定场所设备

理论知识考试在标准教室里进行,软件应用考试在计算机机房进行,技能操作考核在配备必要的数控车床及必要的刀具、夹具、量具和辅助设备的场所进行。

二、基本要求

(一)职业道德

1. 职业道德基本知识

2. 职业守则

(1)遵守国家法律、法规和有关规定。

(2)具有高度的责任心,爱岗敬业、团结合作。

(3)严格执行相关标准、工作程序与规范、工艺文件和安全操作规程。

(4)学习新知识新技能,勇于开拓和创新。

(5)爱护设备、系统及工具、夹具、量具。

(6)着装整洁,符合规定;保持工作环境清洁有序,文明生产。

(二)基础知识

1. 基础理论知识

(1)机械制图。

(2)工程材料及金属热处理知识。

(3)机电控制知识。

(4)计算机基础知识。

(5)专业英语基础。

2. 机械加工基础知识

(1)机械原理。

(2)常用设备知识(分类、用途、基本结构及维护保养方法)。

(3)常用金属切削刀具知识。
(4)典型零件加工工艺。
(5)设备润滑和冷却液的使用方法。
(6)工具、夹具、量具的使用与维护知识。
(7)普通车床、钳工基本操作知识。

3. 安全文明生产与环境保护知识
(1)安全操作与劳动保护知识。
(2)文明生产知识。
(3)环境保护知识。

4. 质量管理知识
(1)企业的质量方针。
(2)岗位质量要求。
(3)岗位质量保证措施与责任。

5. 相关法律、法规知识
(1)劳动法的相关知识。
(2)环境保护法的相关知识。
(3)知识产权保护法的相关知识。

三、工作要求

本标准对中级、高级、技师和高级技师的技能要求依次递进,高级别涵盖低级别的要求。

(一)中级

中级工作内容及技能要求见附表 1-1。

附表 1-1　　　　　　　　　中级工作内容及技能要求

职业功能	工作内容	技能要求	相关知识
一、加工准备	(一)读图与绘图	能读懂中等复杂程度(如曲轴)的零件图 能绘制简单的轴、盘类零件图 能读懂进给机构、主轴系统的装配图	复杂零件的表达方法 简单零件图的画法 零件三视图、局部视图和剖视图的画法 装配图的画法
	(二)制定加工工艺	能读懂复杂零件的数控车床加工工艺文件 能编制简单(轴、盘)零件的数控加工工艺文件	数控车床加工工艺文件的制定
	(三)零件定位与装夹	能使用通用卡具(如三爪卡盘、四爪卡盘)进行零件的装夹与定位	数控车床常用夹具的使用方法 零件定位、装夹的原理和方法
	(四)刀具准备	能够根据数控加工工艺文件选择、安装和调整数控车床常用刀具 能够刃磨常用车削刀具	金属切削与刀具磨损知识 数控车床常用刀具的种类、结构和特点 数控车床、零件材料、加工精度和工作效率对刀具的要求

续表

职业功能	工作内容	技能要求	相关知识
二、数控编程	(一)手工编程	能编制由直线、圆弧组成的二维轮廓数控加工程序 能编制螺纹加工程序 能够运用固定循环、子程序进行零件的加工程序编制	数控编程知识 直线插补和圆弧插补的原理 坐标点的计算方法
	(二)计算机辅助编程	能够使用计算机绘图设计软件绘制简单(轴、盘、套)零件图 能够利用计算机绘图软件计算节点	计算机绘图软件(二维)的使用方法
三、数控车床操作	(一)操作面板	能按照操作规程启动及停止机床 能使用操作面板上的常用功能键(如回零、手动、MDI、修调等)	熟悉数控车床操作说明书 数控车床操作面板的使用方法
	(二)程序输入与编辑	能够通过各种途径(如 DNC、网络等)输入加工程序 能够通过操作面板编辑加工程序	数控加工程序的输入方法 数控加工程序的编辑方法 网络知识
	(三)对刀	能进行对刀并确定相关坐标系 能设置刀具参数	对刀的方法 坐标系的知识 刀具偏置补偿、半径补偿与刀具参数的输入方法
	(四)程序调试与运行	能够对程序进行校验、单步执行、空运行并完成零件试切	程序调试的方法
四、零件加工	(一)轮廓加工	能进行轴、套类零件加工,并达到以下要求: (1)尺寸公差等级:IT6 (2)几何公差等级:IT8 (3)表面粗糙度:$Ra1.6\ \mu m$ 能进行盘类、支架类零件加工,并达到以下要求: (1)轴径公差等级:IT6 (2)孔径公差等级:IT7 (3)几何公差等级:IT8 (4)表面粗糙度:$Ra1.6\ \mu m$	内、外径的车削加工方法和测量方法 几何公差的测量方法 表面粗糙度的测量方法
	(二)螺纹加工	能进行单线等节距的普通三角螺纹、锥螺纹的加工,并达到以下要求: (1)尺寸公差等级:IT6~IT7 (2)几何公差等级:IT8 (3)表面粗糙度:$Ra1.6\ \mu m$	常用螺纹的车削加工方法 螺纹加工中的参数计算
	(三)槽类加工	能进行内径槽、外径槽和端面槽的加工,并达到以下要求: (1)尺寸公差等级:IT8 (2)几何公差等级:IT8 (3)表面粗糙度:$Ra3.2\ \mu m$	内、外径槽和端槽的加工方法
	(四)孔加工	能进行孔加工,并达到以下要求: (1)尺寸公差等级:IT7 (2)几何公差等级:IT8 (3)表面粗糙度:$Ra3.2\ \mu m$	孔的加工方法
	(五)零件精度检验	能够进行零件的长度、内外径、螺纹、角度精度检验	通用量具的使用方法 零件精度检验及测量方法

续表

职业功能	工作内容	技能要求	相关知识
五、数控车床维护与精度检验	(一)数控车床日常维护	能够根据说明书完成数控车床的定期及不定期维护保养,包括:机械、电气、液压、数控系统检查和日常保养等	数控车床说明书 数控车床日常保养方法 数控车床操作规程 数控系统(进口与国产数控系统)使用说明书
	(二)数控车床故障诊断	能读懂数控系统的报警信息 能发现数控车床的一般故障	数控系统的报警信息 机床的故障诊断方法
	(三)机床精度检查	能够检查数控车床的常规几何精度	数控车床常规几何精度的检查方法

(二)高级

高级工作内容及技能要求见附表 1-2。

附表 1-2　　高级工作内容及技能要求

职业功能	工作内容	技能要求	相关知识
一、加工准备	(一)读图与绘图	能够读懂中等复杂程度(如刀架)的装配图 能够根据装配图拆画零件图 能够测绘零件	根据装配图拆画零件图的方法 零件的测绘方法
	(二)制定加工工艺	能编制复杂零件的数控车床加工工艺文件	复杂零件数控加工工艺文件的制定
	(三)零件定位与装夹	能选择和使用数控车床组合夹具和专用夹具 能分析并计算车床夹具的定位误差 能够设计与自制装夹辅具(如心轴、轴套、定位件等)	数控车床组合夹具和专用夹具的使用、调整方法 专用夹具的使用方法 夹具定位误差的分析与计算方法
	(四)刀具准备	能够选择各种刀具及刀具附件 能够根据难加工材料的特点,选择刀具的材料、结构和几何参数 能够刃磨特殊车削刀具	专用刀具的种类、用途、特点和刃磨方法 切削难加工材料时的刀具材料和几何参数的确定方法
二、数控编程	(一)手工编程	能运用变量编程编制含有公式曲线的零件数控加工程序	固定循环和子程序的编程方法 变量编程的规则和方法
	(二)计算机辅助编程	能用计算机绘图软件绘制装配图	计算机绘图软件的使用方法
	(三)数控加工仿真	能利用数控加工仿真软件实施加工过程仿真以及加工代码检查、干涉检查、工时估算	数控加工仿真软件的使用方法

续表

职业功能	工作内容	技能要求	相关知识
三、零件加工	(一)轮廓加工	能进行细长、薄壁零件加工,并达到以下要求: (1)轴径公差等级:IT6 (2)孔径公差等级:IT7 (3)几何公差等级:IT8 (4)表面粗糙度:$Ra1.6\mu m$	细长、薄壁零件加工的特点及装卡、车削方法
	(二)螺纹加工	能进行单线和多线等节距的T型螺纹、锥螺纹加工,并达到以下要求: (1)尺寸公差等级:IT6 (2)几何公差等级:IT8 (3)表面粗糙度:$Ra1.6\mu m$ 能进行变节距螺纹的加工,并达到以下要求: (1)尺寸公差等级:IT6 (2)几何公差等级:IT7 (3)表面粗糙度:$Ra1.6\mu m$	T型螺纹、锥螺纹加工中的参数计算 变节距螺纹的车削加工方法
	(三)孔加工	能进行深孔加工,并达到以下要求: (1)尺寸公差等级:IT6 (2)几何公差等级:IT8 (3)表面粗糙度:$Ra1.6\mu m$	深孔的加工方法
	(四)配合件加工	能按装配图上的技术要求对套件进行零件加工和组装,配合公差达到:IT7级	套件的加工方法
	(五)零件精度检验	能够在加工过程中使用百(千)分表等进行在线测量,并进行加工技术参数的调整 能够进行多线螺纹的检验 能进行加工误差分析	百(千)分表的使用方法 多线螺纹的精度检验方法 误差分析的方法
四、数控车床维护与精度检验	(一)数控车床日常维护	能判断数控车床的一般机械故障 能完成数控车床的定期维护保养	数控车床机械故障和排除方法 数控车床液压原理和常用液压元件
	(二)机床精度检验	能够进行机床几何精度检验 能够进行机床切削精度检验	机床几何精度检验内容及方法 机床切削精度检验内容及方法

(三)技 师

技师工作内容及技能要求见附表 1-3。

附表 1-3　　　　　　　　技师工作内容及技能要求

职业功能	工作内容	技能要求	相关知识
一、加工准备	(一)读图与绘图	能绘制工装装配图 能读懂常用数控车床的机械结构图及装配图	工装装配图的画法 常用数控车床的机械原理图及装配图的画法
	(二)制定加工工艺	能编制高难度、高精密、特殊材料零件的数控加工多工种工艺文件 能对零件的数控加工工艺进行合理性分析,并提出改进建议 能推广应用新知识、新技术、新工艺、新材料	零件的多工种工艺分析方法 数控加工工艺方案合理性的分析方法及改进措施 特殊材料的加工方法 新知识、新技术、新工艺、新材料
	(三)零件定位与装夹	能设计与制作零件的专用夹具	专用夹具的设计与制造方法
	(四)刀具准备	能够依据切削条件和刀具条件估算刀具的使用寿命 根据刀具寿命计算并设置相关参数 能推广应用新刀具	切削刀具的选用原则 延长刀具寿命的方法 刀具新材料、新技术 刀具使用寿命的参数设定方法
二、数控编程	(一)手工编程	能够编制车削中心、车铣中心的三轴及三轴以上(含旋转轴)的加工程序	编制车削中心、车铣中心加工程序的方法
	(二)计算机辅助编程	能用计算机辅助设计/制造软件进行车削零件的造型和生成加工轨迹 能够根据不同的数控系统进行后置处理并生成加工代码	三维造型和编辑 计算机辅助设计/制造软件(三维)的使用方法
	(三)数控加工仿真	能够利用数控加工仿真软件分析和优化数控加工工艺	数控加工仿真软件的使用方法
三、零件加工	(一)轮廓加工	能编制数控加工程序车削多拐曲轴达到以下要求: (1)直径公差等级:IT6 (2)表面粗糙度:$Ra1.6\ \mu m$ 能编制数控加工程序对适合在车削中心加工的带有车削、铣削等工序的复杂零件进行加工	多拐曲轴车削加工的基本知识 车削加工中心加工复杂零件的车削方法
	(二)配合件加工	能进行两件(含两件)以上具有多处尺寸链配合的零件加工与配合	多尺寸链配合的零件加工方法
	(三)零件精度检验	能根据测量结果对加工误差进行分析并提出改进措施	精密零件的精度检验方法 检具设计知识
四、数控车床维护与精度检验	(一)数控车床维护	能够分析和排除液压和机械故障 能借助字典阅读数控设备的主要外文信息	数控车床常见故障诊断及排除方法 数控车床专业外文知识
	(二)机床精度检验	能够进行机床定位精度、重复定位精度的检验	机床定位精度检验、重复定位精度检验的内容及方法

续表

职业功能	工作内容	技能要求	相关知识
五、培训与管理	（一）操作指导	能指导本职业中级、高级进行实际操作	操作指导书的编制方法
	（二）理论培训	能对本职业中级、高级和技师进行理论培训 能系统地讲授各种切削刀具的特点和使用方法	培训教材的编写方法 切削刀具的特点和使用方法
	（三）质量管理	能在本职工作中认真贯彻各项质量标准	相关质量标准
	（四）生产管理	能协助部门领导进行生产计划、调度及人员的管理	生产管理基本知识
	（五）技术改造与创新	能够进行加工工艺、夹具、刀具的改进	数控加工工艺综合知识

（四）高级技师

高级技师工作内容及技能要求见附表1-4。

附表1-4　　高级技师工作内容及技能要求

职业功能	工作内容	技能要求	相关知识
一、工艺分析与设计	（一）读图与绘图	能绘制复杂工装装配图 能读懂常用数控车床的电气、液压原理图	复杂工装设计方法 常用数控车床电气、液压原理图的画法
	（二）制定加工工艺	能对高难度、高精密零件的数控加工工艺方案进行优化并实施 能编制多轴车削中心的数控加工工艺文件 能够对零件加工工艺提出改进建议	复杂、精密零件加工工艺的系统知识 车削中心、车铣中心加工工艺文件编制方法
	（三）零件定位与装夹	能对现有的数控车床夹具进行误差分析并提出改进建议	误差分析方法
	（四）刀具准备	能根据零件要求设计刀具，并提出制造方法	刀具的设计与制造知识
二、零件加工	（一）异形零件加工	能解决高难度（如十字座类、连杆类、叉架类等异形零件）零件车削加工的技术问题、并制定工艺措施	高难度零件的加工方法
	（二）零件精度检验	能够制定高难度零件加工过程中的精度检验方案	在机械加工全过程中影响质量的因素及提高质量的措施
三、数控车床维护与精度检验	（一）数控车床维护	能借助字典看懂数控设备的主要外文技术资料 能够针对机床运行现状合理调整数控系统相关参数 能根据数控系统报警信息判断数控车床故障	数控车床专业外文知识 数控系统报警信息
	（二）机床精度检验	能够进行机床定位精度、重复定位精度的检验	机床定位精度和重复定位精度的检验方法
	（三）数控设备网络化	能够借助网络设备和软件系统实现数控设备的网络化管理	数控设备网络接口及相关技术

续表

职业功能	工作内容	技能要求	相关知识
四、培训与管理	(一)操作指导	能指导本职业中级、高级和技师进行实际操作	操作理论教学指导书的编写方法
	(二)理论培训	能对本职业中级、高级和技师进行理论培训	教学计划与大纲的编制方法
	(三)质量管理	能应用全面质量管理知识,实现操作过程的质量分析与控制	质量分析与控制方法
	(四)技术改造与创新	能够组织实施技术改造和创新,并撰写相应的论文。	科技论文撰写方法

四、比重表

(一)理论知识

理论知识比重见附表1-5。

附表1-5　　　　理论知识比重

项目		中级/%	高级/%	技师/%	高级技师/%
基本要求	职业道德	5	5	5	5
	基础知识	20	20	15	15
相关知识	加工准备	15	15	30	—
	数控编程	20	20	10	—
	数控车床操作	5	5	—	—
	零件加工	30	30	20	15
	数控车床维护与精度检验	5	5	10	10
	培训与管理	—	—	10	15
	工艺分析与设计	—	—	—	40
合计		100	100	100	100

(二)技能操作

技能操作比重见附表1-6。

附表1-6　　　　技能操作比重

项目		中级/%	高级/%	技师/%	高级技师/%
机能要求	加工准备	10	10	20	—
	数控编程	20	20	30	—
	数控车床操作	5	5	—	—
	零件加工	60	60	40	45
	数控车床维护与精度检验	5	5	5	10
	培训与管理	—	—	5	10
	工艺分析与设计	—	—	—	35
合计		100	100	100	100

附录二　FANUC 系统 G 指令

FANUC-0i 系统数控车床 G 指令见附表 2-1。需要注意的是，本系统中车床采用直径编程。

附表 2-1　　　　　　　　　FANUC-0i 系统数控车床 G 指令

代码	分组	意义	格式
G00	01	快速进给,定位	G00 X__ Z__;
G01		直线插补	G01 X__ Z__;
G02		圆弧插补 CW（顺时针）	$\begin{Bmatrix}G02\\G03\end{Bmatrix}$ X__ Z__ $\begin{Bmatrix}R\_\_\\T\_\_ K\_\_\end{Bmatrix}$
G03		圆弧插补 CCW（逆时针）	
G04	00	暂停	G04 X__; X 的单位为 s; 或 G04 P__; P 的单位为 ms(整数)
G20	06	英制输入	
G21		米制输入	
G28	0	回归参考点	G28 X__ Z__;
G29		由参考点回归	G29 X__ Z__;
G32	01	螺纹切削（由参数指定绝对和增量）	G32 X(U)__ Z(W)__ F(L); L 指螺纹导程,单位为 mm
G40	07	刀具补偿取消	G40 G00 X__ Z__;
G41		左半径补偿	$\begin{Bmatrix}G41\\G42\end{Bmatrix}$ Dnn
G42		右半径补偿	
G50	00		设定工件坐标系: G50 X__ Z__; 偏移工件坐标系: G50 U__ W__;
G53		机械坐标系选择	G53 X__ Z__;
G54	12	选择工作坐标系 1	G××
G55		选择工作坐标系 2	
G56		选择工作坐标系 3	
G57		选择工作坐标系 4	
G58		选择工作坐标系 5	
G59		选择工作坐标系 6	

续表

代码	分组	意义	格式
G70	00	精加工循环	G70 P(ns) Q(nf);
G71		外圆粗车循环	G71 U(Δd) R(e); G71 P(ns) Q(nf) U(Δu) W(Δw) F(f);
G72		端面粗切削循环	G72 W(Δd) R(e); G72 P(ns) Q(nf) U(Δu) W(Δw) F(f) S(s) T(t); 程序中：Δd——切深量； e——退刀量； ns——精加工形状的程序段组的第一个程序段的顺序号； nf——精加工形状的程序段组的最后程序段的顺序号； Δu——X 轴方向精加工余量的距离及方向； Δw——Z 轴方向精加工余量的距离及方向
G73		封闭切削循环	G73 U(i) W(Δk) R(d); G73 P(ns) Q(nf) U(Δu) W(Δw) F(f);
G74		端面切断循环	G74 R(e)__; G74 X(U)__ Z(W)__ P(Δi) Q(Δk) R(Δd) F(f); 程序中：e——返回量； Δi——X 轴方向的移动量； Δk——Z 轴方向的切深量； Δd——孔底的退刀量； f——进给速度
G75		内轻/外径切断循环	G75 R(e); G75 X(U)__ Z(M)__ P(Δi) Q(Δk) R(Δd) F(f);
G76		复合型螺纹切削循环	G76 P(m) (r) (α) Q(Δd_{min}) R(d); G76 X(U)__ Z(W)__ R(i) P(k) Q(Δd) F(l); 程序中：m——最终精加工重复次数为 1~99； r——螺纹的精加工量（倒角量）； α——刀尖的角度（螺牙的角度），可选择 80,60,55,30,29,0 六个种类； m,r,α——同用地址 P 一次指定； Δd——最小切深度； i——螺纹部分的半径差； k——螺牙的高度； Δd——第一次的切深量； l——螺纹导程；
G90	01	直线车削循环加工	G90 X(U)__ Z(W)__ F __; G90 X(U)__ Z(W)__ R __ F __;
G92		螺纹车削循环	G92 X(U)__ Z(W)__ F __; G92 X(U)__ Z(W)__ R __ F __;
G94		端面车削循环	G94 X(U)__ Z(W)__ F __; G94 X(U)__ Z(W)__ R __ F __;
G98	05	每分钟进给速度	
G99		每转进给速度	

附录三　FANUC 系统 M 指令

FANUC 系统 M 指令见附表 3-1。

附表 3-1　　　　　　　　　FANUC 系统 M 指令

代码	意义	格式
M00	停止程序运行	
M01	选择性停止	
M02	结束程序运行	
M03	主轴正向转动开始	
M04	主轴反向转动开始	
M05	主轴停止转动	
M06	换刀指令	M06 T＿；
M08	冷却液开启	
M09	冷却液关闭	
M30	结束程序运行，且返回程序开头	
M98	子程序调用	M98 P××*nnnn*； 调用程序号为 O*nnnn* 的程序××次
M99	子程序结束	子程序格式： O*nnnn*； ... M99；